KB071389

브레인 키핑

THE AGE-PROOF BRAIN

브레인 키핑

지금의 뇌를 30년 동안 잘 쓰는 법

Brain
Keeping

마크 밀스테인 지음 | 박선령 옮김

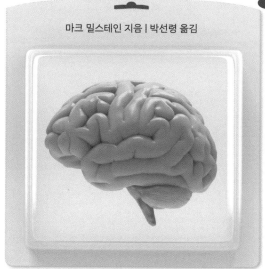

웅진 지식하우스

일러두기

- 본 책의 참고문헌은 웅진지식하우스 블로그(https://blog.naver.com/wj_booking)를 통해 확인하실 수 있습니다.

무수히 많은 이유를 담아,
이 책을 아내 로런에게 바친다.

우리는
뇌를 잘 쓸 수 있다

뇌를 아주 효율적으로 쓸 수 있는 최신 과학 연구를 소개하는 강연을
마치고 내려왔을 때였다. 상기된 얼굴로 내게 다가온 한 청중은 TV
에 소개된 기억력 향상에 도움을 준다는 약을 먹고 있다며 이야기를
시작했다.

"그 약 정말 대단하더라고요!"

"그래요? 약 이름이 뭔가요?"

그는 조금 생각하는 듯하더니, 이렇게 답했다.

"흠, 기억이 안 나네요⋯."

이 일은 TV 광고에서 '마법의 알약'이라는 이름으로 소개된 약
의 효과를 단적으로 보여주는 사례다. 누구나 묘기에 가까운 수준으

로 많은 일을 해내던 뇌가 오늘이 며칠인지조차 기억하지 못하는 회백질의 덩어리로 변해버릴지도 모른다는 공포를 느끼고 있다. 일부는 그런 두려움에 사로잡혀 앞서 내게 찾아온 청중처럼 기억력에 좋다는 보조제를 먹고 있을지도 모른다.

하지만 이는 어떤 면에서는 자연스러운 일이다. 나이가 들면 육체의 기능이 떨어지듯 뇌도 변한다. 그에 따라 인지 기능 및 정신 기능에도 조금씩 변화가 찾아온다. 평균적으로 인간의 뇌는 40세 이후로 10년마다 약 5퍼센트씩 줄어든다. 뇌가 점점 작아지고 오그라들면 기억력, 집중력, 생산력에 치명적인 영향을 미치는 것은 물론, 심각한 경우에는 알츠하이머병과 같은 뇌 질환과 우울증, 불안 등 각종 정신 건강 문제를 일으키기도 한다. 무엇보다 치매와 우울증 같은 질환은 우리가 사랑하는 이들의 모습을 더는 볼 수 없게 만든다는 점에서 더 큰 고통을 불러일으킨다. 그런데 문제는 이런 현상이 급증하고 있으며, 바로 나의 집 문턱까지 당도했다는 점이다.

- 2020년에는 전 세계 5400만 명이 알츠하이머병 혹은 다른 종류의 치매를 앓고 있다. 이는 지난 30년 동안 144퍼센트 증가한 수치다.[1]
- 미국에서는 60세 이상 성인의 12~18퍼센트가 기억력 감퇴나 인지 문제를 겪는다.[2]
- 불안이나 우울증 같은 정신 질환을 앓고 있는 사람이 그렇지 않은 사람보다 5년 반 정도 일찍 치매에 걸렸다.[3]
- 불안 장애는 미국에서 가장 흔한 정신 질환이며, 약 18.1퍼센트의

국민이 앓고 있다. 이는 성인 약 4000만 명에 해당한다.[4]

- 우울증은 전 세계적으로 신체 및 정신 장애를 일으키는 가장 큰 원인으로 미국에서만 약 1600만 명(미국 인구의 6.7퍼센트)이 우울증을 앓고 있다.[5]
- 미국의 65세 이후 사망자 중 약 3분의 1이 치매로 사망한다.[6]
- 전체 근로자의 52퍼센트가 높은 수준의 스트레스, 정신적 피로, 번아웃을 경험하고 있다.[7]

그렇다면 어떻게 이런 심각한 수준의 뇌 건강 문제로부터 자신을 지킬 수 있을까? 많은 사람이 이미 수백만 달러를 쓰고 있는 건강 보조제나 게임, 어려운 퍼즐 문제 등으로는 안타깝게도 '뇌가 노화하는 것'을 막을 순 없다. 당신의 뇌를 30년 뒤에도 현재의 수준으로 유지할 뿐 아니라 더 젊은 뇌로 살 수 있는 비법은 유기적으로 연결된 우리의 몸을 이해하고, 생활 습관을 바꾸는 데 있다. 만약 이 사실을 일찍 알았더라면, 나의 할머니 부비 로렌 여사는 더 오래 건강한 삶을 살 수 있었을지도 모른다.

우리의 몸은 모두 연결되어 있다

나의 할머니 부비 로렌은 유머 감각이 넘치는 사람이었다. 예술적 감각도 뛰어나며 타고난 운동선수이기도 했다. 그리고 무엇보다 세상에서 가장 맛있는 와플을 만드는 사람이었다. 하지만 할머니는 내가 10대 때 치매를 앓기 시작해 머지않아 카리스마 넘치던 모습을 점차 잃어갔다. 그 당시 의사들은 할머니가 어떤 종류의 치매에 걸렸는지조차 말해주지 못했다. 알츠하이머병이었던 걸까? 아니면 혈관성 치매? 그때부터 나는 우리의 몸과 뇌에 궁금증을 가지기 시작했다. 그렇게 막연히 품고 있던 우리 몸에 대한 궁금증은 내가 아홉 살이 되던 해에 크론병에 걸리면서 더 커지게 되었고, 열다섯 살이 되던 해 남들보다 이르게 진로를 결정해 한 생물 연구소에 들어가 유전학을 배우는 데에 영향을 미쳤다. 이후 UCLA에서 더욱 본격적으로 생물화학을 연구하게 되면서 감염병부터 유방암, 뇌과학에 이르기까지 다양한 주제에 접근할 수 있었다.

페니실린을 발견하던 때부터 유전자를 편집할 수 있게 된 지금에 이르기까지 지난 수십 년간 과학과 의학은 매우 빠른 속도로 발전하고 전문화되었다. 그러나 신체 전반을 그려내는 큰 그림의 관점은 부족했다. 즉, 신체의 각 부분을 일련의 독립적인 시스템으로 여기는 탓에 이들의 유기적 연결성을 간과하고 만 것이다. 신체의 한 부분에서 생긴 일은 반드시 다른 부위에도 영향을 미친다는 사실을 기억해야 한다. 최신 연구 자료일수록 우리의 몸이 얼마나 유기적으로 연결되어 있는지를 더 잘 보여준다.

건강하고 젊은 뇌의 열쇠는 뇌와 신체 기관 사이의 연결에 있다. 그러기 위해서는 강력한 면역체계, 건강한 심장, 당뇨병 예방과 치료 등이 필요하다. 또한 양질의 수면과 영양가 있는 식단을 취하고 규칙적으로 운동하며, 스트레스를 관리해야 한다. 더불어 주변 사람들과 소통하고, 꾸준히 새로운 기술을 배우는 삶의 태도가 필수다. 이것을 지킬 수만 있다면 전 세계 강연을 돌며 문화권, 세대, 성별 불문하고 내게 반드시 묻는 질문, "어떻게 하면 최적의 삶을 살 수 있을까요?"의 답을 찾을 수 있을 것이다.

나이 들지 않고
지금의 뇌를 30년 더 쓰는 법

이렇듯 치매와 같은 정신적 쇠퇴는 건강관리, 생활 습관을 바꾸면 충분히 피할 수 있다. 심지어 현재 발생한 치매의 3분의 1은 생활 습관을 바꾸는 것만으로도 예방할 수 있다면 믿겠는가.[8] 유전자가 아닌 우리의 힘으로 자신의 인지 능력과 뇌의 건강을 통제할 수 있다는 연구 결과는 점점 많아지고 있다. 2019년에 열린 알츠하이머협회 국제 콘퍼런스에서 발표된 연구에 따르면, 유전자보다 특정한 생활 습관이 기억과 질병 발생 여부에 더 큰 영향을 미친다고 한다. 2020년에 시카고의 러시 대학 메디컬센터 연구진은 권고에 따라 생활 습관을 바꾼 사람은 알츠하이머병에 걸릴 위험이 거의 60퍼센트 감소했다는 걸 발견했다.[9] 이 말인즉 만약 당신이 지금의 뇌를 30년 동안 더 잘 쓰고 싶다면, 지나간 세월을 후회하며 노화 탓을 할 게 아니라 자신의 습관을 돌아보고 이를 바꿔나가는 노력을 해야 한다는 것이다.

이 책은 노화를 건강을 위협하는 요소로 보지 않는다. 사람은 나이가 들어가면서 지식, 경험, 자신감, 관점, 지혜를 얻는다. 모두가 이런 노화의 긍정적인 면을 알고 있으며, 또 잘 받아들인다. 유전적으로 알츠하이머병에 걸릴 위험이 있어도 자신의 노화 과정을 긍정적으로 받아들이는 사람의 경우 치매에 걸릴 위험이 49.8퍼센트 낮아졌다는 연구 결과도 있다. 노화를 어떻게 바라보는가에 따라서 위험이 될 수도, 기회가 될 수도 있다는 뜻이다.

나는 이 책에서 결코 막을 수 없는 노화를 늦추는 방법뿐 아니라 '오늘의 뇌'를 오랫동안 탁월하게 유지하며 생산적으로 살아갈 수 있는 방법을 전하고자 한다. 오늘, 내일 그리고 미래에도 당신이 사랑하는 사람들과 최고의 날을 보낼 수 있도록 말이다.

이 책에 담긴 정보들이 잘못되었다거나, 과장된 광고 혹은 인증되지 않은 트윗의 내용과 다르지 않을 거라는 걱정은 완전히 내려놓길 바란다. 수십 년간 진행된 연구를 기반으로 한 과학적인 조언과 확실한 팁만을 담았기 때문이다.

책의 내용은 크게 세 부분으로 나뉜다.

1부에서는 뇌가 어떻게 발달하고 기능하는지, 그리고 면역체계와 심장, 내장과 같은 신체 전반과 어떻게 유기적으로 연결되어 있는지를 살펴본다.

이어서 2부에서는 뇌의 노화를 가속하는 요인들을 알아볼 예정이다. 여기서 나도 모르게 뇌를 망치고 있던 습관에는 어떤 것들이 있는지 알아챌 수 있을 것이다.

3부에서는 뇌를 젊게 유지하고 노화를 막을 수 있는 실행 가능한 솔루션을 제공한다. 뇌는 생활 습관을 아주 조금만 바꿔도 건강해질 수 있다. 이 책의 과학적인 조언을 자기 삶에 적용할 수만 있다면 잃어버린 기억력을 되찾고, 우울증을 물리치며, 기분을 개선하고, 생산성과 집중력을 크게 높일 수 있을 것이다. 이건 그 자체만으로도 알츠하이머병과 같은 치매의 예방주사를 맞는 셈이다. 앞으로 뇌를 보호하기 위해 취하는 조치들은 현재와 미래의 뇌 건강을 지켜주고 여러분이 항상 최고의 자신이 될 수 있게 도와줄 것이다.

또한 책 곳곳에는 함께 알아두면 좋을 추가 조언들도 담았다. 잘 기억했다가 건강검진을 하거나 의사를 만날 때 물어본다면, 건강을 더 효과적으로 지킬 수 있을 것이다. 연구에 따르면 몇 가지 중요한 검사 결과를 계속 추적하며 정상 범위 내로 유지하는 것만으로도 뇌의 노화를 늦추는 데 중요한 역할을 한다고 한다.[10]

나의 사랑하는 할머니 부비 로렌과 여러분 인생의 부비 로렌을 위해 이 책을 썼다. 그들은 자신의 기억을 잃어갔지만, 우리는 결코 그들을 잊지 않을 것이다. 모두가 이런 상실의 슬픔을 경험하지 않기를 바라는 마음이 이 책과 함께 전해진다면 좋겠다.

목차

◆ 프롤로그 | 우리는 뇌를 잘 쓸 수 있다　　　　07

1부

브레인 키핑의 시작
"뇌를 제대로 알아야만 오래 쓸 수 있다."

◆ 당신의 뇌는 몇 살인가?　　　　19
◆ 면역력이 떨어지면 뇌는 쓰레기로 가득 찬다　　　　37
◆ 심장은 뇌에 경고를 보낸다　　　　49
◆ 박테리아가 뇌를 살린다　　　　67
◆ 뇌는 어떻게 '기억'하는가　　　　81

2부

브레인 키핑의 비밀
"당신의 뇌는 늙지 않는다."

◆ 새로운 기억이 없을 때 뇌는 늙는다　　　　99
◆ 단것을 먹으면 뇌는 늙는다　　　　110
◆ 염증은 뇌를 빠르게 파괴한다　　　　124
◆ 우울한 뇌는 빨리 늙는다　　　　135

3부

브레인 키핑의 습관

"습관을 바꾸면 건강한 뇌를 30년 더 쓸 수 있다."

◆ 수면 잠은 뇌를 고친다　　149

◆ 마음챙김 뇌에 긍정 회로를 설치하라　　180

◆ 운동 매일 7500보를 걸으면 달라지는 것　　198

◆ 감정 매일 타인의 안부를 물어라　　214

◆ 식습관 무지개 빛깔의 음식을 먹어라　　233

◆ 환경 내 주위의 독소로부터 멀어지는 법　　268

◆ 집중 더 많이 기억하고 빠르게 배우는 법　　281

◆ 에필로그 | 브레인 키핑 10계명　　302

◆ 부록 | 도전! 뇌가 젊어지는 일주일 건강 챌린지　　306

◆ 감사의 말　　317

Brain Keeping

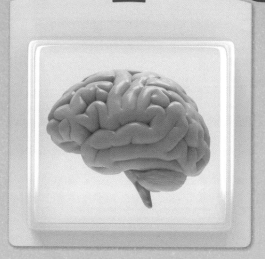

1부
브레인 키핑의 시작

"뇌를 제대로 알아야만 오래 쓸 수 있다."

01.   당신의 뇌는 몇 살인가?

로베르 마르샹Robert Marchand은 101세의 나이에 프랑스에서 열리는 100세 이상의 선수들이 출전하는 사이클 경기에서 세계 신기록을 세웠다. 놀랍게도 그는 기록을 계속 향상시켜 105세에 자신이 세운 기록을 갈아엎었다. 이 100세 노인의 신체 능력은 42~61세 남성과 비교해봐도 더 뛰어나 보인다.[1] 이렇게 자신의 신체를 실제 나이보다 젊게 유지하는 건 충분히 가능한 일이다. 그렇다면 우리 뇌의 기능은 어떨까? 자신의 뇌 연령이 어느 정도인지 생각해본 적이 있는가?

　　30~40대들이 머리가 예전처럼 빠릿빠릿하게 돌아가지 않는다고 말하는 장면을 자주 목격하곤 한다. 일에 집중하기 힘들거나 집을 나설 때 현관문을 잠갔는지 잘 기억이 나지 않을 때, 차를 어디에 주

차했는지 도무지 기억이 나지 않아 헤맬 때, 상황에 맞는 단어가 떠오르지 않아 머리를 싸맬 때 그런 푸념을 늘어놓는 듯하다. 이런 집중력 감소, 생산성 저하, 기억력 감퇴 등의 문제를 대개 누구에게나 일어나는 일 정도로 생각하거나 스트레스 탓으로 돌리는 경우가 많다. 물론 그것도 어느 정도 사실이다. 누구나 '인간적인 실수를 저지르는 순간'이 있기 때문이다. 하지만 이런 증상들이 도무지 무시할 수 없는 수준에 이르렀다면, 이를 얕봐서는 안 된다. 여러분이 지금 몇 살이든 오늘의 뇌 건강이 내일의 뇌 건강에 영향을 미치기 때문이다.

많은 이들이 특정 나이가 되어 정신(특히 기억력)이 예전처럼 기능하지 않을 때 일어나는 일을 모두 노화로 설명하곤 한다. "그건 노화 과정의 일부라서 우리가 어떻게 할 수 없는 문제야"라고 말하기도 한다. 하지만 사실은 그렇지 않다. 뇌는 적절히 관리만 해준다면 나이가 들어도 신체 기능과 보조를 맞출 수 있다. 나이가 든 뒤에도 예리한 정신을 유지하고 싶다면 운에 맡기지 말고 즉각적인 조치를 취해야 한다. 생활 습관에 변화를 주는 것이야말로 가장 즉각적인 조치 중 하나다. 이를 뒷받침하는 한 연구에서는 실험 참가자들이 뇌를 자기공명영상MRI으로 스캔한 뒤, 생활 습관을 바꾸도록 하여 약 6개월~1년 뒤 다시 뇌 스캔을 통해 변화를 살펴보는 실험을 진행했다. 그러자 놀랍게도 뇌가 이전보다 젊어진 것으로 나타났다.[2] (이들이 적용한 생활 습관은 책의 뒷부분에 자세히 담았다.) 마치 타임머신에라도 집어넣은 것처럼 말이다.

젊은 뇌는 통통하고 탄력이 있으며 회백질, 즉 뇌세포 덩어리가 더 많다. 실험 그룹의 뇌는 시간이 흘렀음에도 마치 젊은 뇌처럼 부피가 늘어나고 통통해졌으며(실제로 크기도 커졌다) 뇌세포 사이의 연결도 증가했다. 이와 다르게 생활 방식을 바꾸지 않은 참가자(대조군)들의 뇌는 한눈에 봐도 나이 들어 보이고 연구가 시작된 뒤로 부피 역시 더 줄었다.

뇌의 부피가 줄면 어떤 일이 일어날까? 당연히 기능이 떨어지고, 여러 가지 장애가 발생할 위험이 커진다. 뇌는 단백질 생성부터 분자 운반, DNA 복제에 이르기까지 다양한 활동이 이루어지는 분주하고 활기찬 도시다. 우리가 생각하고 기억하며 혁신하는 능력은 그 안에 있는 뇌세포의 활력과 충만함에 달려 있다. 뇌의 부피가 준다는 것은, 각 뇌세포의 활력이 떨어진다는 것을 의미하며 뇌세포가 붕괴될 경우 뇌가 제대로 기능하지 못해 인지 능력이 떨어지게 된다. 하지만 나이가 든다고 해서 반드시 뇌도 같은 속도로 늙는 건 아니다. 심각한 인지 문제는 결코 노화의 정상적인 결과라고 할 수 없다.

우리가 알아야 할 뇌의 모든 것

뇌가 나이 드는 방식을 이해하기 위해 먼저 뇌의 구성 방식부터 알아보자.

두개골을 열고 뇌를 들여다보면 먼저 중앙의 긴 홈을 기준으로 뇌가 반으로 갈라져 있는 모습이 눈에 띌 것이다. 분홍빛이 도는 회색의 주름진 조직 전체를 대뇌라고 한다. 그리고 뇌의 반쪽을 전문 용어로 대뇌 반구라고 하는데, 지구를 남반구와 북반구로 나눌 때의 그 반구다. 우리 얼굴이 좌우대칭인 것처럼 뇌도 좌우대칭을 이룬다.

지금 여러분이 보고 있는 건 대뇌피질이라는 대뇌의 바깥층이다. 이는 흔히 회백질gray matter이라고 하며 언어, 기억, 사고 등 고등 기능을 담당한다. 그리고 빽빽하게 들어찬 신경섬유로 구성된 안쪽은 백질white matter이다. 이 대뇌피질은 다시 네 개의 엽lobe으로 나뉘며, 이들은 각자 중요한 역할을 맡고 기능한다.

- 전두엽: 뇌의 앞쪽 상단에 위치하며 사고, 의사 결정, 움직임 제어에 관여한다. 최신 댄스나 체스 두는 법을 배울 때는 전두엽을 사용한다.
- 두정엽: 전두엽 뒤에 있으며 감각 정보 처리를 돕는다. 우리가 느끼는 주변 온도와 소리, 냄새, 놀이기구를 타면 느끼는 스릴 등 감각과 관련된 정보는 모두 두정엽에서 처리한다.
- 측두엽: 뇌 아래쪽에 있으며 기억에 중요한 역할을 한다. 또 기억을 감각과 통합시키기도 한다.
- 후두엽: 뇌의 뒤쪽에 있으며 시각과 관련이 있다.

네 개의 엽 외에도 중요한 역할을 하는 두 가지의 부분이 있다. 먼저 '소뇌'는 측두엽과 후두엽 아래에 있으며 우리 몸의 운동 기능을 관리한다. 우리가 움직이고 자세를 잡을 수 있도록 도와주며, 균형

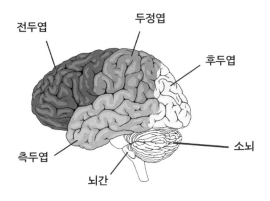

전두엽
두정엽
후두엽
소뇌
측두엽
뇌간

이미지는 대뇌피질의 4개 엽과
뇌 아래쪽에 있는 뇌간, 소뇌까지 보여준다.

을 유지한다. 다른 하나는 '뇌간'으로 뇌 아래쪽 척수와 연결되는 곳에 자리한다. 뇌간은 호흡이나 심장박동처럼 우리가 생명을 유지하는 데 꼭 필요한 과정을 일정하게 유지하며 조절하는 역할을 한다.

지금까지 설명한 내용은 뇌를 이해하기 위한 아주 기본적인 부분에 불과할 정도로 뇌는 방대하고 복잡한 기관이다. 그럼 이제 조금 더 세부적으로 들어가서, 뇌가 어떻게 구성되어 있는지 살펴보자.

성인의 뇌는 평균적으로 1.4~1.6킬로그램 정도이며, 약 800억 개의 뇌세포, 즉 뉴런으로 구성되어 있다. 800억이라는 수는 잠시도 쉬지 않고 세어도 2500년쯤 걸리니 그 양이 얼마나 많을지 짐작해볼 수 있다. 그렇다면 뇌세포의 크기는 얼마나 될까? 여기 알파벳 소문자 'i' 위의 점에 주목해보자. 뇌세포는 이 작은 점 안에 50개를 넣을 수 있을 정도로 작다.

놀라운 사실은 태어나서 어른이 될 때까지 뇌의 무게는 약 네 배 이상 증가하지만 뇌세포의 개수는 그대로 유지된다는 것이다.◆ 성인은 현재 800억~1000억 개 정도의 뇌세포를 가지고 있는데, 이는 대부분 태어날 때부터 가지고 있던 것이다.[3] 그러니까 태어나기도 전에 형성된 뇌세포가 대부분 평생 유지된다는 얘기다. (하지만 뇌의 일부는 사는 동안 계속해서 새로운 뇌세포를 추가할 수 있다. 특히 기억력을 관장하는 부분인 해마는 매우 중요하기 때문에 이 책 전반에 걸쳐 여러 번 이야기하게 될 것이다.)

그렇다면 여분의 무게는 어디서 발생하는 걸까? 먼저, 세포 사이의 연결을 들 수 있다. 우리의 생각, 감정, 기억, 움직이는 방식, 그리고 존재의 모든 측면(본질적으로 내가 누구인가를 결정하는 부분)은 세포의 상호작용에 따라 이루어진다. 800억~1000억 개의 뉴런이 축삭돌기(세포의 전기 신호를 송신하는 부분)와 수상돌기(전기 신호를 수신하는 부분)에 있는 100조 개의 연결부를 통해 서로 전기적, 화학적 신호를 보내면서 의사소통을 한다.[4] (그런데 100조는 우리 은하계에 있는 별보다 최소 1000배 많은 수치로 실제로 지금 우리의 뇌에는 전구를 켜기에 충분한 양의 전기가 흐르고 있는 셈이다.) 또 뇌가 발달하면서 뉴런을 제자리에 고정시키는 성상세포와 희소돌기아교세포(교질세포) 같은 지지세포가

◆ 세상에 태어나기 전, 어머니의 배 속에서 보내는 9개월 정도의 뇌 발달 기간에는 분당 25만 개의 새로운 뇌세포가 만들어진다.

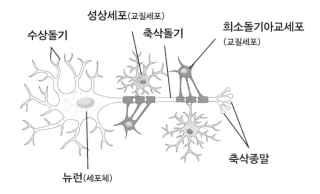

성상세포(교질세포)

수상돌기

축삭돌기

희소돌기아교세포
(교질세포)

축삭종말

뉴런(세포체)

뉴런의 모습을 보여주는 이 이미지에서,
수초화는 축삭돌기 주위를 감싸고 있는 회색 영역으로 표시된다.

추가된다. 그리고 새로운 걸 배우는 동안에는 뇌세포 주위를 코팅해서 전기 신호를 더 빠르게 전달하는 수초화가 진행된다. 이런 수초화는 우리가 작업을 더 수월하게 처리하도록 도와주며 뇌에 무게를 더한다.◆

◆ 인간은 선천적으로 수초가 많이 형성되어 있지 않기 때문에 아기들이 뛰어난 운동선수나 음악가이긴 어렵다.

수초화는 뉴런이 축삭돌기를 감싸 수초를 형성하는 과정을 말하는데, 이렇게 수초가 형성되면 뇌가 보낸 전기 자극이 주변으로 흘러나가 손실되는 것을 막아준다. 따라서 수초화가 많이 진행될수록 뇌의 전기 자극이 각 기관과 근육까지 더 빠르게 도달할 수 있다. 이 수초화를 증가시켜 뇌의 처리 속도를 향상시키고 싶다면 어떻게 해야 할까?

먼저 운동을 꾸준히 하고, 연어처럼 지방이 많은 생선을 섭취하는 게 좋다. 뇌세포를 감싸는 코팅 물질이 기름진 생선에서 발견되는 오메가3이기 때문이다. 생선을 두뇌 식품이라고 부르는 것도 이런 이유에서다.

어린 시절의 뇌는 빠르게 자란다

뇌가 자라는 동안 새로운 걸 배우면 리모델링이라는 과정이 일어난다. 이는 어린 시절과 10대에 가장 활발하게 진행되고, 그 이후에도 평생에 걸쳐 진행되지만 그 정도가 약해진다. 리모델링은 대부분 정보를 학습하고 기억할 때 뇌세포 간의 연결이 강해지면서 발생한다. 이 과정을 거쳐 뇌는 우리가 생각하고 기억하며 행동하는 방식을 결정한다. 그렇다면 뇌세포 사이의 연결이 열쇠를 둔 곳이나 주차 위치,

방금 만난 사람의 이름 등을 어떻게 알려주는 걸까?

이를 알아보기 위해 먼저 '뇌세포가 어떻게 서로 연결되는지'를 알아보자. 우리가 새로운 걸 배울 때, 뇌세포는 서로 연결된다. 이러한 연결을 '시냅스'라고 하며, 이를 통해 뇌에 전기 신호가 전달된다. 각각의 뇌세포들이 약 1만 개의 다른 세포와 연결될 수 있으므로, 우리의 뇌에는 약 100조 개의 연결이 존재한다고 볼 수 있다.

그렇다면 뇌가 성장기였던 세 살 때는 얼마나 많은 연결이 있었을까? 놀랍게도 지금에 비해 약 열 배 이상 많았다.[5] 자그마치 약 1000조 개의 연결이 존재했던 셈이다. 태어나서 세 살이 될 때까지 초당 1만~2만 개의 연결이 생긴다. 이렇게 폭발적으로 늘어나는 현상을 '시냅스 활성화'라고 하는데 이는 여덟 살 때쯤에 절정에 이르며, 그 이후부터는 이런 폭발적인 연결 현상이 점차 줄어든다. 하지만 당황할 필요는 없다! 이는 가지치기라고 하는 정상적인 과정으로, 뇌가 어떤 세포 연결을 유지하고 어떤 연결을 버릴지 우선순위를 정하는 것이다. 가지치기는 뇌가 보다 더 중요한 기술 및 정보와 관련된 연결을 강화하고 성격의 다양한 측면을 형성하게 해준다. 뇌를 정원의 장식용 분재라고 생각해보자. 정원에 어울리는 멋진 분재를 만들기 위해 멋대로 자라난 잎사귀를 잘라내어 모양을 만들어나가는 것처럼, 뇌도 같은 과정을 거친다. 뇌가 발달하면서 생긴 수많은 연결을 우선순위에 맞춰 잘라내어 성격과 관심사, 호불호, 그리고 자신의 본질적인 모습을 구체화해나가는 것이다. 이렇게 불필요한 연결들을 제거하는 과정을 통해 만들어진 것이 지금의 당신이다.

하지만 우리는 계속해서 새로운 것을 배우고 연결은 늘어간다. 따라서 필요하지 않은 부분을 계속해서 제거하기 때문에 이 가지치기 과정은 평생에 걸쳐 지속된다. 매일 밤 우리가 자는 동안 뇌는 더 이상 필요 없다고 생각되는 연결을 제거한다.◆ (뇌를 책상이라고 생각해보자. 생산성을 높이려면 책상 위에 널린 잡동사니를 치워야 한다. 하지만 잡동사니는 계속해서 다시 쌓이므로 한번 치운다고 끝나는 게 아니다. 다시 치우고⋯ 또 치워야 한다.)

나이가 들면 뇌는 어릴 때처럼 빠르게 변하지는 않지만 그래도 여전히 쉬지 않고 역동적으로 변화한다. 우리 뇌는 유연하기 때문에 나이에 상관없이 더 강하고 적응력 있는 뇌를 만들어 기억력을 향상시키고 스트레스를 관리하고 집중력과 생산성을 높일 수 있다. 또 새로운 습관을 들이고 색다른 관점을 취하고 신체적, 정신적 외상을 극복하면서 뇌를 바꿔나갈 수도 있다. 우리는 늘 무언가를 하며, 그 과정에서 뇌는 끊임없이 리모델링된다. 이렇게 나날이 더 나아질 수 있다는 건 인생의 큰 희망이다.

◆ 5장에서는 유명 배우의 이름(왜, 그 영화에 나온 사람 있잖아)이나 보다 진지한 정보 등 우리가 접근하고 싶어 하는 기억을 뇌가 어떻게 검색하는지 자세히 살펴볼 것이다.

뇌 연령이 자신의 실제 나이와 다른 경우가 많다는 건 다들 알고 있을 것이다. 예컨대 실제 나이는 80대 이상이지만 인지 기능은 그보다 수십 년이나 젊은 '슈퍼 에이저'로 분류되는 집단이 있다.[6] 이와 반대로 실제 나이보다 뇌가 더 노화된 경우도 있다. 물론 우리가 바라는 바는 아니지만 말이다.

집에서 할 수 있는 테스트 가운데 뇌의 연령을 정확하게 파악할 수 있는 테스트는 없다.◆ 그럼에도 뇌의 기능을 판단하고자 한다면 기억력을 되짚어보자. 잘 기능하는 뇌는 신경 분화 과정이 매우 효율적이고 강력하기 때문에 대부분은 정확하게 기억하는 능력이 뛰어나다. 나이가 들면 그 과정이 쇠퇴해 세포들이 특이성을 잃고 제 기능을 하지 못한다. 따라서 나이가 들수록 이름이나 얼굴, 사건, 방금 읽은 내용, 어제 먹은 것 등을 '기억'하는 것이 점점 어려워질 수 있다. 하지만 슈퍼 에이저의 신경 분화는 25세 젊은이와 비슷한 수준으로 진행된다. 이것이 그들이 25세 때의 기억력을 유지하는 이유 중 하나다.

그렇다면 슈퍼 에이저뿐 아니라 실제 나이보다 젊은 두뇌를 유지하고 있는 이들이 지닌 다른 비밀은 무엇일까? 2021년에 발표된 한 연구 결과에서 그 비밀의 답이 밝혀졌다. 연구진은 18개월 동안

◆ 두뇌 연령을 알려준다는 온라인 퀴즈들은 대체로 과학에 기반하지 않는다.

100세 이상의 슈퍼 에이저 330명을 추적 관찰했다. 연구 기간 동안 그들의 기억력이나 인지 능력은 약 2년 가까이 전혀 쇠퇴하지 않았다.[7] (18개월이 짧은 시간처럼 느껴질 수 있으나, 100세를 넘긴 노인이 치매에 걸릴 확률이 2년마다 60퍼센트씩 증가한다는 사실에 비춰볼 때 이는 결코 짧지 않은 시간이다.[8]) 이 건강한 뇌를 가진 노인들의 비밀은 모두 '뇌에 좋은 생활 방식을 유지하고 있었다'는 것이다.

배우는 뇌는 늙지 않는다

그들이 유지한 생활 습관 중 하나는 일생 동안 계속해서 '새로운 걸 배웠다'는 것이다. 우리 기억은 뇌세포 사이의 연결 안에 보관되어 있다. 예를 들어 뇌를 은행 계좌라고 생각해보자. 예금해둔 돈이 많으면 계좌에서 돈을 조금 꺼내 쓰는 정도로는 순자산에 큰 영향을 받지 않는다. 이와 같은 이치로 우리가 매일 새로운 것을 배워 뇌세포 사이의 새로운 연결이 많아지면, 나이를 먹어 몇몇의 연결이 사라진다 한들 큰 영향을 받지 않는다는 뜻이다. 스페인 속담 중에 "매일 새로운 걸 하나씩 배워라"라는 말이 있다. 이 간단한 조언은 두뇌 건강을 위한 훌륭한 첫 번째 규칙이었던 셈이다. 16장에서 어떤 종류의 학습이 가장 좋은지 자세히 얘기하겠지만, 여기서 핵심은 새로운 정보나 새로운 기술을 배우면 뇌가 젊게 유지된다는 것이다. 당신은 지금 이 책을 읽으며 새로운 걸 배우고 있으니, 뇌를 위해 중요한 일을 하나 하고 있는 셈이다.

자, 이쯤 되면 본인의 뇌가 몇 살인지 궁금할 것이다. 그래서 누구나 간단히 두뇌의 나이를 유추해볼 수 있는 질문들을 준비했다.

1. 실행 기능: 하루 일정을 얼마나 잘 관리할 수 있는가?[9]
2. 균형과 조정: 얼마나 잘 움직이고 균형을 유지할 수 있는가?[10]
3. 학습 및 기억 능력: 중요한 정보를 얼마나 잘 기억할 수 있는가?[11]
4. 이동: 얼마나 빨리 걸을 수 있는가?[12]
5. 정체성: 내가 몇 살처럼 느껴지는가?[13]

물론 이 질문이 실제 뇌 스캔과 신경과 전문의의 종합적인 소견을 대체할 수는 없지만 뇌 연령을 어느 정도 파악하는 데 도움이 될 수 있다. 앞으로도 뇌의 연령에 대해 여러 통찰을 보여주는 요소들에 대해 계속 이야기할 것이다. 다만, 뇌의 연령은 이 요소들이 조합된 결과이지 한 가지 요인으로 인해 결정되는 것이 아님을 기억하자.

뇌에 쌓이는 쓰레기와 두뇌 연령

앞선 내용을 통해 뇌가 실제 나이보다 더 노화되었을 수 있다는 생각에 불안해졌을 수 있다. 또 왜 그런 일이 일어나는지도 궁금할 것이다. 뇌를 일찍 노화시키는 원인 중 하나는 '쓰레기와 독소의 축적'이다. 이 쓰레기는 뇌세포가 일하면서 생기는 부산물이라고 생각하면 이해가 쉽다. 앞서 뇌세포 하나하나가 분주하고 번잡한 대도시라고 말한 바 있다. 사람들이 생활하면서 도시가 더러워지는 것처럼, 우리의 뇌도 뇌세포가 열심히 일하는 과정에서 더러워지기 마련이다. 화학 반응의 잔재, 환경 독소, 오래되고 손상된 세포, 더 이상 필요 없는 단백질 같은 형태의 쓰레기로 가득 찬다. 고작 1.3킬로그램짜리 뇌가 1년에 2.7킬로그램의 쓰레기를 만든다니 놀라울 따름이다. 이 쓰레기는 대개 재활용되거나 없어지지만, 이 과정에 실패하면 뇌 안에 그대로 쌓여 뇌를 손상시킬 수 있다. 쓰레기가 쌓이면 뇌세포끼리의 소통을 방해하고, 결국 세포가 위축되어 죽을 수 있기 때문이다. 뇌에 쌓이는 쓰레기의 형태는 다양하지만 두 가지 핵심 유형은 아밀로이드 플라크amyloid plaque과 타우 엉킴tau tangle이다.

아밀로이드 플라크

아밀로이드 플라크가 어디서 생기는지 더 쉽게 이해할 수 있도록 TV 방송을 수신하기 위해 지붕에 안테나를 달고 있는 집을 떠올려보자. 이 안테나가 파손되면 어떻게 될까? TV 방송을 수신할 수 없을 뿐만 아니라 안테나의 깨진 조각 때문에 지붕이 손상될 수도 있다. 세포도 마찬가지다. 세포 표면에는 안테나처럼 생긴 수용체가 있고, 이 수용체를 통해 전신의 다양한 신호를 받아들인다. 이런 수용체의 종류는 매우 다양한데, 일부 수용체는 세포의 성장 여부를 알려주는 신호를 수신하기도 한다. 또한 수용체가 화

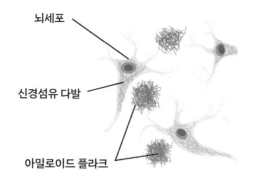

뇌세포

신경섬유 다발

아밀로이드 플라크

이 플라크가 쓰레기로 변해서
뇌세포의 기억을 만들고 저장하는 연결부를 형성하는 능력을 방해한다.

학물질을 인식하면 세포를 열어서 해당 화학물질(기분부터 사랑 같은 감정 학습에 이르기까지 다양한 기능에 영향을 미칠 수 있는◆)이 진입할 수 있게 해준다.

　뇌세포에서 볼 수 있는 다양한 수용체 중에 아밀로이드 전구체 단백질APP이라는 게 있다. 간혹 효소가 가위처럼 작용해 이 APP를 작은 조각으로 자르는데, 이때 잘린 조각들이 서로 뭉쳐 '베타 아밀로이드 플라크'를 만들어낸다. 이 아밀로이드 플라크는 알츠하이머병 환자에게서 많이 발견되는 등 뇌 질환과 밀접한 관계가 있다.

◆　사랑이 신비롭다는 말은 곧 사랑은 뇌에서 분비되어 수용체에 부착되는 특정한 화학물질이라는 말이나 마찬가지다. 생각보다 낭만적인 이야기는 아닌 듯하다.

이런 아밀로이드 플라크는 뇌세포 사이에 형성되는 반면 타우 엉킴은 세포 안에 형성되는 쓰레기다. 세포 안에는 단백질과 영양분을 세포의 다른 부분으로 전달하는 필라멘트와 작은 관으로 이루어진 광범위한 시스템이 있는데, 이를 '세포골격'이라고 한다. 이 세포골격을 미세한 형태의 지하철 선로라고 생각해보자. 세포골격은 '타우'라는 단백질에 의해 고정되는데 이 단백질은 선로를 제자리에 고정시키는 철도 침목과 매우 유사한 기능을 한다. 이 정교한 전달 체계를 유지시키는 타우 분자가 때때로 세포골격에서 분리되어 서로에게 부착되며 엉키는 경우가 생기곤 한다. 결국 철도 침목끼리 엉키며 선로가 느슨해지고 세포골격이 꼬이고 만다. 이게 바로 뇌의 '엉킴tangle'이다.

타우 분자가 세포골격을 제자리에 고정시키지 못하게 되는 이유는 아직 명확히 밝혀지지 않았다. 하지만 염증이나 독성 성분 축적, 세포 내 화학반응이 모두 그 원인이 된다는 증거는 있다. 하나의 뇌세포에 이런 엉킴이 축적되면, 결국 세포 밖으로 새어 나와 이웃에 있는 건강한 세포에 흡수된다. 그렇게 되면 이 건강한 세포도 속아서 엉킴을 더 많이 만들게 되고, 결국 뇌 전체에 이 손상된 세포가 퍼지고 만다.[14] 2021년에 진행된 한 연구에서는 아밀로이드 플라크를 추적하는 것보다 뇌 내의 타우 단백질 축적을 추적했을 때 기억력 감퇴를 더 잘 예측할 수 있다는 사실을 발견하기도 했다.[15]

앞서 살펴본 아밀로이드 플라크과 타우 엉킴은 알츠하이머병에서 발견되는 가장 흔한 두 가지 형태의 뇌 쓰레기이다. 그중에서도 타우 엉킴은 만성 외상성 뇌병증CTE(뇌진탕 같은 머리 부상 때문에 뇌손상이 발생한 상태)과 다른 형태의 치매에서도 발견된다. 이 외에도 우울증, 파킨슨병, 불안증과 같은 다양한 질병의 원인이 되는 뇌 쓰레기들도 있다. 예를 들어, 알파 시뉴클레인이라는 단백질이 축적되어 독성 덩어리를 이루면 도파민을 생성하는 뇌세포를 손상시킨다.[16] 도파민은 움직임을 조절하는 일을 하므로 이 세포들이 파괴되면 파킨슨병에서 볼 수 있는 떨림 증상이 나타난다.

　일반적으로 노폐물이 쌓이면 집중력 저하, 생산성 하락, 전반적인 에너지의 급격한 감소 같은 증상이 생길 수 있다. 이는 생물학적 노화의 징후이자 증상이다. 간단히 말해서 쓰레기가 많을수록 뇌가 '노화'한다.

　그렇다면 이런 쓰레기는 어떻게 없앨 수 있을까? 한 번에 이런 쓰레기를 싹 씻어낼 수 있는 마법의 샴푸는 존재하지 않지만, 과학자들은 우리 몸에 존재하는 가장 강력한 청소 방법을 발견해냈다. 이 방법에 대해서는 다음 장에서 자세히 알아볼 것이다.

　다음 장으로 넘어가기 전에 한 가지 짚고 넘어가고 싶은 사실이 있다. 뇌에 쓰레기가 많아도 뇌의 노화가 빨라지지 않을 수 있다는 것이다. 자신의 나이보다 훨씬 젊은 뇌를 가진 슈퍼 에이저의 연구로 잠깐 돌아가보자. 슈퍼 에이저의 뇌에서도 기억력 장애를 유발할 만한 아밀로이드 플라크와 타우 엉킴이 발견되었다. 하지만 그들은 기억력 장애를 겪지 않았다. 많은 양의 쓰레기가 있음에도 건강한 뇌를 유지하고 있는 것이다. 또한 다른 추가적인 연구에서는 노인 중 30퍼센트는 뇌에 상당한 기억력 손실을 야기할 만한 플라크와 엉킴이 있지만 치매 징후를 보이지 않는다는 사실을 알아냈다.[17]

이 말인즉, 플라크와 엉킴은 뇌 노화의 원인 중 하나지만 이것들이 있다고 해서 반드시 모든 뇌가 늙는 것은 아니라는 뜻이다. 쓰레기가 노화와 뇌 기능 장애를 일으키는 유일한 원인이 아니라면, 이를 가속화하는 다른 원인에는 무엇이 있을까? 이어지는 장에서 알아보자.

02.

면역력이 떨어지면
뇌는 쓰레기로 가득 찬다

스페인 탐험가 폰세 데 레온Ponce de Leon은 젊음의 샘을 찾아 전 세계를 샅샅이 돌아다녔다. 그러나 만약 젊게 오래 살고 싶었던 거라면, 오히려 자기 집 소파에 앉아 본인의 면역체계를 연구하는 편이 더 나았을지 모른다. 왜냐하면 균형 잡히고 건강한 면역체계야말로 진정한 젊음의 샘이라는 사실이 여러 연구를 통해 밝혀졌기 때문이다.[1]

우리 몸의 면역체계도 뇌와 마찬가지로 실제 나이보다 더 젊거나, 혹은 더 나이 들었을 수 있다. 지금부터 1년이 지나면 당신은 365일(또는 366일)을 더 살게 되지만 뇌와 몸, 면역체계도 반드시 1년씩 더 나이 드는 것은 아니라는 뜻이다. 《네이처 제네틱스Nature Genetics》에 발표된 한 연구에서는 실제 나이보다 수십 년 젊은 면역체계를 가진

100세 노인들을 발견했다. 정확히 말해서 이들의 면역체계는 실제 나이에 비해 약 40년 더 젊었다.[2] 한 105세 노인은 심지어 25세의 면역체계를 가지고 있기까지 했다.

나이가 들어가면서 면역체계는 활동이 과도해지거나 불충분해진다. 불균형한 면역반응은 감염뿐 아니라 치매, 알츠하이머병, 파킨슨병, 심장병, 우울증 등의 발생 위험을 높인다. 따라서 젊은 뇌를 유지하기 위해서는 면역체계를 잘 관리해야 한다. 그렇다면 면역체계는 어떻게 작동하고, 뇌를 보호하는 것일까?

몸에서 가장 복잡한 군대, 면역체계

면역체계는 수많은 참가자로 이뤄진 아주 복잡한 군대와 같다. 이 군대를 구성하고 있는 주요 부분들을 살펴보자.

1. 백혈구: 이 놀라운 세포는 감염 및 질병과 싸운다. 백혈구에는 호중구, 호산구, 단핵구, T세포, B세포 등 다양한 종류가 있으며 그 이름을 모두 기억할 필요는 없다.[3]
2. 항체: 백혈구가 만드는 항체는 혈액으로 방출되는 단백질이다. 이 단백질은 박테리아와 바이러스 같은 이물질을 인식하고 파괴한다.
3. 적혈구: 산소를 운반하고 혈액 응고를 돕는다. 적혈구는 위험한 병원

체에 부착되어 이를 제거하는 역할까지도 해낸다.[4]

4. 비장: 비장은 우리 몸에 있는 백혈구와 적혈구 수를 조절하고 오래 되거나 손상된 혈구를 제거한다. 비장에는 항체를 생성하는 림프구도 있다.

5. 흉선: 백혈구를 만드는 가슴의 분비선으로 흉선에서 분비되는 호르 몬은 노화를 억제하는 작용도 한다.

6. 림프계: 장기, 림프절, 조직으로 구성된 이 거대한 네트워크는 신체의 감시체계 및 하수도와 같은 기능을 한다. 림프계는 면역체계 의 일부다.

이 장에서는 뇌 건강과 특히 더 연관이 깊은 면역체계의 몇 가지 구성 요소를 살펴보고자 한다. 또한 위에서 간단히 알아본 림프계 외 에도 우리 몸의 면역반응에 관여하는 몇 가지 특정 세포에 대해서도 함께 알아볼 것이다.

림프계는 쓰레기 청소부다

림프계를 구성하는 분비선, 조직, 장기는 날마다 우리 몸에 쌓이는 노 폐물과 독소를 제거한다. 림프계는 림프가 흐르는 몸속의 배관 파이 프라고 생각하면 이해가 쉽다. 림프는 혈액이 아니라 조직과 장기에 서 배출되는 무색의 액체로, 독소와 세균뿐 아니라 세포에서 생성된 부산물들을 제거하는 역할을 한다. 이 림프는 림프계를 따라 몸 전체를 순환하면서 위험한 바이러스와 박테리아를 잡아 목, 겨드랑이, 가슴, 복부, 사타구니에 있는 림프절에 모아둔다. 이때 림프절에 있는 면역세포는 모인 바이러스와 박테리아를 샅샅이 훑어보고, 우리 몸에 위험하다고 판단되면 신체의 다른 부위에 남아 있는 병원균까지 찾아내 공격한다. 몸 구석구석까지 살펴 병원균을 찾아내는 모습이 마치 금을 찾아내는 광부처럼 보이기도 한다.

이 때문에 우리가 감기에 걸리면 목에 있는 림프절이 붓는다. 혈액세포들이 감염과 싸우기 위해 림프절로 몰려들고, 이들이 림프절에 쌓여 붓기가 생기는 것이다. 이는 몸이 병의 원인이 되는 세균을 제거하기 위해 노력하고 있다는 신호인 셈이다. 그리고 중요한 것은 이 림프계에서 제거하는 노폐물의 일부가 1장에서 설명한 '뇌 쓰레기'라는 사실이다.

하지만 지난 수백 년 동안 과학자들은 림프계가 뇌로 확장되지 않는다고 믿었다.[5] 앞서 이야기한 바와 같이 과학자와 의사는 우리 몸의 체계, 즉 장기나 신체 활동을 모두 분리되어 작동하는 일종의 독립적인 시스템으로 여겨왔기 때문이다. 2013년에 들어서 로체스터 대학의 마이켄 네더가드Maiken Nedergaard 박사가 놀라운 발견을 하기 전까지 전문가들은 림프계도 그럴 것이라 생각했다.

네더가드 박사는 부상을 입은 뇌가 어떻게 스스로 회복하는지 알고 싶었다. 그리고 수면이 회복 과정에서 어떤 역할을 하는지 조사했다. 그렇게 실험에 참가한 피험자들에게 수면을 권했고, 그들이 자는 동안 마치 공포 영화라도 본 것 같은 놀라운 현상을 경험했다.

피험자들이 자는 동안 그들의 뇌가 정상 크기의 무려 65퍼센트로 줄어든 것이다! 크기가 줄어들자, 뇌는 역동적인 리듬으로 강하게 진동하기 시작했다. 추가적인 연구에 따르면 뇌가 줄어들면서 뇌세포 안에 있던 쓰레기와 독소, 노폐물이 압착되어 배출되며, 또한 이들이 배출될 수 있는 빈 공간을 만든다는 사실을 알아냈다. 뇌가 계속 줄어드는 동안 압착된 쓰레기들은 이렇게 만들어진 뇌의 빈 공간으로 모이게 되고, 척수에서 나온 액체가 뇌로 흘러 들어가 이들을 깨끗이 씻어낸다.

매일 밤, 우리가 자는 동안 뇌 속의 쓰레기를 깨끗이 씻어낸다는 사실은 매우 충격적인 발견이었다. 그간 믿고 있었던 뇌의 작동 방식과는 정반대였기 때문이다. 이를 발견해낸 과학자들도 처음에는 그 결과를 믿지 못해 몇 년 동안 실험을 반복했을 정도였다.[6]

그 연구자 중 한 명인 카리 알리탈로Kari Alitalo 박사는 2015년 핀란드 헬싱키에 있는 자신의 실험실에서 림프계를 더 면밀하게 조사하기 시작했다. 그는 최첨단 기술을 사용하여 생쥐의 림프계 전체를 매핑해 림프계에 있는 터널 모양의 소낭을 모두 초록색으로 바꿔 아주 자세한 지도를 만들어냈다. 알리탈로 박사는 림프계가 목에서 아래로 내려오면서 빛을 내리라 예상했지만, 놀랍게도 쥐의 뇌에서도 초록색 불빛이 발견되었다.[7]

　이 발견을 통해 우리는 뇌로 확장되는 림프계의 일부를 글림프 시스템glymphatic system이라고 부르게 되었다. 이들은 뇌를 보호하고 이물질을 청소하며, 수초를 형성하는 등 다양한 일을 하는 뇌의 '신경교 세포'와 함께 작용한다. 이 글림프 시스템을 발견하면서 우리는 몸의 작동 방식은 물론 다양한 신경 질환의 위험을 낮출 수 있는 방법에 대해 더 많은 것을 알게 되었다. 노화, 뇌손상, 뇌진탕, 뇌졸중(뇌가 체액에 잠기는 것) 등 노폐물 제거 시스템을 방해하는 건 전부 두뇌 건강에 좋지 않다.[8] 간단히 말해서 림프계가 뇌 쓰레기를 제거하는 데 매우 중요한 역할을 하므로 이 '하수도' 시스템이 오작동하면 다양한 뇌 기능 장애가 발생할 수 있다.

○ 버려진 쓰레기는 어디를 향할까?

2015년에 과학자들은 뇌에서 림프계로 이어지는 일련의 혈관을 발견했다. 이 혈관들을 뇌수막 림프관이라고 하는데, 이를 통해 뇌척수액이 뇌에서 배출되면서 노폐물을 제거한다.[9] 이 혈관들을 설거지가 끝난 뒤 더러운 물을 배수하는 식기세척기의 수도관이라고 생각해보자. 뇌와 신체 나이는 이 혈관의 나이와 관련이 있다. 수도관이 작동하지 않으면 폐수가 쌓이는 것처럼, 뇌가 노폐물을 제거할 수 없다면 어떤 손상과 노화가 발생할지는 여러분의 상상에 맡기겠다.

그리고 면역체계와 뇌가 연결되어 있다는 사실을 이해하면 치매에서 우울증, 다발성 경화증, 뇌진탕에 이르기까지 서로 아무런 연관이 없어 보이는 다양한 증상을 파악하고 치료하는 데 도움이 될 수 있다. 면역체계가 뇌를 잘못 공격하면 뇌는 손상된다. 또한 면역체계가 뇌의 노폐물과 독소를 제거하지 않을 때에도 손상이 발생한다. 따라서 이런 상태를 효과적으로 치료하려면 면역체계가 뇌를 잘 보호하고 청소할 수 있도록 섬세한 균형을 유지해야 한다.

○ 또 다른 청소부, 소교세포

자는 것 외에도 뇌에서 노폐물과 쓰레기를 제거하는 다른 방법이 있다. 수족관 바닥에서 노폐물과 쓰레기를 먹어치우는 작은 물고기를 본 적이 있는가? 뇌에도 그 물고기와 비슷한 기능을 하는 소교세포가 있다. 이는 중추신경계에서 청소부 역할을 하는 면역세포로, 뇌 쓰레기를 먹어치운다. 그러나 이 세포가 혼동을 일으켜서 쓰레기, 플라크, 탱글, 독소가 아닌 건강한 뇌세포를 먹어치우거나 이를 더 쓸모없는 뇌 쓰레기로 바꿔놓을 수도 있다. 8장에서는 소교세포가 혼동을 일으키지 않도록 하는 방법을 살펴볼 것이다.

킬러와 평화유지군

면역력과 두뇌 건강과 관련해 다음으로 알아볼 면역체계의 중요한 요소는 바로 면역세포다. 균형이 잘 잡혀 있는 면역체계에는 두 가지 핵심 범주가 있다. 바로 '염증유발세포(킬러)'와 '항염증세포(평화유지군)'다.

킬러세포 중 가장 중요한 역할을 하는 T세포는 몸 안 이곳저곳을 돌아다니며 특정 바이러스와 박테리아를 찾아 파괴한다. T세포는 감염 부위로 달려가서 침입자를 가둬놓고 파괴하는데, 이 과정에서 염증이 발생해 통증, 부종, 발적 등이 나타나곤 한다. 따라서 인후염에 걸린 경우, 바이러스 감염에 의한 통증 외에도 이 킬러세포가 바이러스를 공격하며 통증이 유발되기도 한다. 이런 공격 과정에서 T세포는 감염된 세포뿐 아니라 인접한 건강한 세포를 죽이기도 한다. 우리 몸이 바이러스가 제거되고 있다고 느낄 때, 평화유지군이 일을 시작한다. 이 항염증세포들은 현장으로 달려가 킬러세포의 활약에 박수를 쳐주고, 돌아가 쉴 수 있도록 이들을 진정시키는 일을 한다.

우리가 흔히 면역체계를 강화해야 한다고 말할 때는 대개 킬러세포의 활동을 강화하는 것에 주목한다. 하지만 평화유지군, 즉 항염증세포가 적절하게 배치되지 않으면 킬러세포는 바이러스뿐 아니라 우리의 몸까지도 계속해서 공격할 수 있기 때문에 위험하다. 따라서 이 T세포와 같은 킬러세포가 너무 많거나, 항염증세포가 부족하게 되면 면역체계의 불균형이 발생해 몸이 적절한 반응을 하지 못하게 된다. 따라서 면역체계 강화의 핵심은 이 염증 반응과 항염증 반응의 균형을 맞추는 데 있다.

○ 비타민 D를 먹어야 하는 이유

비타민 D는 T세포가 적절히 기능하는 데 필수적이다. 바로 T세포의 연료이기 때문이다. 비타민 D가 충분하지 않으면 T세포는 위험한 바이러스와 박테리아를 공격할 수 없다.[10]

우리 몸은 피부에 닿는 태양에 반응해서 비타민 D의 50~90퍼센트를 생산하기 때문에 비타민 D를 햇빛 비타민이라고 부르기도 한다. 햇빛에 노출되는 시간이 적을수록 몸에서 비타민 D가 적게 생산된다. 이 때문에 햇빛 노출이 적은 겨울에 감기와 독감에 더 쉽게 걸리는 것이다.[11]

사이토카인: 과도한 면역체계의 함정

킬러와 평화유지군 외에, 또 다른 면역체계의 주요 플레이어를 만나보자. 이 새로운 플레이어는 마치 당직 경비원과 같은 역할을 한다. 경비원은 뭔가가 잘못되거나 의심스러운 행동을 하는 자를 발견하면 그 즉시 본부에 지원을 요청한다. 면역체계에서 이런 역할을 담당하는 플레이어를 '사이토카인'이라고 한다. 이들은 T세포와 같은 킬러세포에게 침입한 세균을 파괴할 때가 되었다고 경고하는 일을 한다.

하지만 알다시피 면역의 핵심은 '균형'이다. 사이토카인이 감염에 과도하게 반응하여 킬러세포들에게 끊임없이 경고를 남발한다면, 지나친 면역반응을 유발할 수 있다. 예를 들어, 집에 도둑이 들어 경찰에 신고를 했는데 경찰 몇 명이 아니라 소대 전체가 출동했다고 상상해보자. 도둑을 잡기 위해 소대가 집 안을 짓밟고 파헤치면 오히려 도둑보다 집에 더 많은 피해를 줄 것이다. 이와 마찬가지로, 과도한 면역반응은 뇌와 같은 장기를 손상시킬 수 있다.

우리의 면역체계가 이런 혼란을 겪는 가장 큰 이유는 바로 노화다.[12] 글림프 시스템이 고장 나면 뇌에서 쓰레기와 독소를 적절히 제거할 수 없다. 또 나이 든 면역체계는 바이러스와 박테리아에 과민 반응하거나 과소 반응할 가능성이 크고, 결국 이것이 심각한 결과를 초래하는 경우가 발생한다. 면역체계가 약하면 바이러스, 박테리아, 암세포에 취약해져서 이들이 성장하고 복제되어 우리의 몸을 아프게 할 수 있다. 반대로 면역체계가 너무 강하거나 지나치게 활동적이면 관절, 장기, 뇌를 공격해서 염증이나 자가면역질환을 유발할 수 있다. (류머티스성 관절염, 루푸스, 염증성 장질환 같은 자가면역질환은 모두 복잡한 원인이 있긴 하지만 기본적으로 킬러세포가 자기 몸을 공격하는 것이다.) 비만, 심장병, 당뇨병도 마찬가지로 면역체계가 통제 불능 상태가 되면서 특정 장기를 공격해 발생한다. 알츠하이머병의 경우, 대부분 불균형한 면역체계가 뇌를 공격해서 발생한다.

우울증도 과도한 면역체계에 의해 생기거나 혹은 악화될 수 있다. 2021년의 한 연구는 면역체계가 기분과 관련된 뇌 부위를 잘못 공격하면 우울증 증상이 나타날 수 있다는 사실을 발견했다.[13] 때때로 우울증을 앓는 사람들이 일반적인 항우울제 처방이나 상담 치료에도 호전되지 않을 때가 있는데, 이 치료법이 면역체계의 문제를 해결하지 못하기 때문이다. 이 연구를 통해 우리는 뇌와 면역체계가 얼마나 밀접하게 연결되어 있는지 알았으며, 보다 효과적인 우울증 치료법을 개발할 수 있다는 희망을 갖게 되었다.

이뿐 아니라 면역체계는 기억과도 큰 연관이 있다. 2019년에 진행된 한 연구에서 연구진들은 나이 든 쥐의 과민한 면역체계를 차단했다. 그러자 이 쥐들은 마치 젊은 쥐처럼 미로를 빠져나가는 방법을 기억하기 시작했다.[14] 다른 연구에서는 면역체계가 손상된◆ 쥐들이 다른 쥐들보다 기억력 과제에서 낮은 점수를 받았다. 이후 연구진들이 이 쥐들에게 면역세포를 이식하여 면역체계를 정상적으로 작동하게 하자, 기억력 과제에서 건강한 쥐들만큼 높은 점수를 받았다.[15] 간단히 말해서, 면역체계와 뇌 건강은 떼려야 뗄 수 없는 관계에 있는 것이다.

면역체계를 관리하면 뇌의 노화 속도가 감소한다. 뇌의 노화를 늦추기 위해 면역체계의 균형을 유지하는 방법은 3부에서 더 자세히

◆ 쥐와 인간은 유전적으로 매우 유사하다. 둘은 90퍼센트 이상 동일한 유전자를 공유하고 있다. 그래서 과학자들은 오랫동안 면역체계 연구에 쥐를 사용했고, 이는 인간이 면역을 이해하는 데 큰 돌파구를 제공했다.

다룰 예정이니, 뇌와 다른 신체를 연결하는 실타래를 계속 따라가보자. 다음은 뇌와 심장이다.

03.

심장은 뇌에
경고를 보낸다

심장과 폐 이식 수술을 받은 무용수 클레어 실비아^{Claire Sylvia}는『심장의 변화^{A Change of Heart}』라는 회고록에서 이식 후 경험한 매혹적인 이야기를 풀어놓았다. 그녀는 이식 수술 후, 여태껏 자신의 취향이 아니었던 프라이드치킨과 맥주를 갈망하기 시작했다. 이런 이상한 변화에 당황한 클레어는 심장을 기증해준 이의 가족을 찾았고, 그 음식들이 기증자가 생전에 좋아했던 음식임을 알게 되었다. 클레어뿐 아니라 이식 후 이런 경험을 고백하는 사례는 꾸준히 있었다. 신경심리학자 폴 피어셀^{Paul Pearsall}은 이런 사례를 모아 심장이식을 받은 사람들이 기증자의 버릇, 음식 기호, 관심사 등 여러 가지 특성을 물려받은 다양한 사례에 관한 책을 썼다.[1] 이렇게 머리로 이해하기 어려운 사례를 볼 때마다, 아직 우리가 모르는 신체의 신비로운 연결성에 놀라곤한다. 하지만 이런 일화들은 과학적 연구처럼 구체적인 사실을 밝혀내지는 못하므로 확실한 결론을 도출하기 위해서 엄격한 연구와 분석을 거쳐야 한다.

하지만 한 가지 흥미로운 사실은 심장에는 뇌로 정보를 전달하는 약 4만 개의 감각신경세포가 있다는 것이다. 어떤 연구자들은 이 세포들을 심장에 있는 '작은 뇌'라고 부르기도 한다.[2] 전달되는 정보범위를 밝히기 위해서는 더 많은 연구가 필요하지만, 여기서 명확하게 알 수 있는 한 가지 사실은 심장 건강이 뇌 건강의 가장 중요한 측면 중 하나라는 것이다.

우리는 종종 "자신의 마음을 따라라"라는 말을 한다. 우리의 심장을 사고하는 뇌처럼 여기는 것이다. 또 심장을 감정, 특히 사랑의 감정과 동일시하기도 한다. 단순히 비유라고 생각할 수도 있지만, 사실 이는 생물학적으로 근거가 있는 이야기다.

심장과 뇌는 말 그대로 미주신경◆을 통해 연결되어 있어 지속적으로 의사소통을 한다. 미주신경을 뇌와 심장이 서로 대화할 수 있는 전화선이라고 생각해보자. 전력 질주와 같은 육체적 활동을 하면 심장은 급격하게 빨리 뛴다. 이후 차례로 당신의 뇌에 속도를 늦추라는

◆ 미주신경이라는 이름은 '방랑'을 뜻하는 라틴어 vagus에서 유래했다. 뇌신경 중에서 가장 길고, 뇌 뒤쪽에서 심장까지 '방황'하다가 내장까지 내려가는 특징으로 보아 아주 적절한 이름이다.

신호를 보낸다. 또 심장은 정신적, 감정적 경험에 반응한다. 중요한 연설을 하기 직전에 어떤 기분이 드는지 상상해보라. 긴장하거나 흥분하면 뇌는 심장이 더 빨리 뛰도록 신호를 보낸다.

이렇게 심장과 뇌가 연결되어 있기 때문에 '심장이 젊으면 뇌가 젊어지는 데 도움이 된다'고 하는 것이다. 심장에서 일어나는 일은 치매, 우울증, 불안에 이르기까지 뇌 건강에 위험을 초래하는 다양한 증세에 영향을 미칠 수 있다. 따라서 건강한 심장 없이 건강하고 젊은 뇌를 갖는 건 불가능하다.

심장과 뇌 사이의 양방향 도로를 찾아서

심장과 뇌 사이를 연결하는 건 미주신경뿐만이 아니다. 순환기계 또는 심혈관계의 길이는 10만 6000킬로미터나 되며, 이는 지구 둘레(약 4만 킬로미터)를 두 바퀴 이상 감쌀 수 있을 정도로 길다. 심장이 박동할 때마다 10만 6000킬로미터의 혈관, 정맥, 동맥을 통해 신체 전체에 영양분, 산소, 이산화탄소, 호르몬이 공급된다. 이 시스템의 가장 중요한 역할은 바로 심장과 뇌를 연결하는 것이다. 뇌는 1.3킬로그램 정도로 신체의 극히 일부를 차지하지만, 심장이 박동할 때마다 만들어지는 산소의 약 20퍼센트를 소비하는 기관이다. 또한 뇌가 움직이는 데 필요한 에너지는 산소로부터 나오기 때문에 집중해서 생각할 때는 심장이 뇌에 더 많은 산소를 보내기도 한다. 뇌세포에 산소가 아주 소량만 있기 때문에 소통하고 기억을 만들면서 다른 멋진 일들을 해내기 위해서는 끊임없이 뇌에 산소를 공급해주어야 한다. 심장이 뇌로 산소를 공급해주지 않으면 뇌는 제 기능을 해낼 수 없다.

심장 질환은 전 세계의 사망 원인 1위다. 미국에서는 36초마다 한 명씩 심혈관 질환으로 사망한다.[3] 또 심장 질환은 뇌 기능 장애의 주요 원인 중 하나로 손꼽힌다. 관상동맥성 심장 질환(심장에 혈액을 전달해주는 큰 혈관인 관상동맥에 문제가 생기는 질환)은 치매 위험을 40퍼센트 증가시키고, 심부전(심장의 기능 저하로 인해 신체에 혈액이 제대로 공급되지 않아 생기는 질환)은 치매 위험을 두 배 가까이 높인다.[4] 뇌로 가는 혈류량이 줄면 뇌세포 안에 엉킨 타우 단백질이 축적되고,[5] 또 뇌졸중은 알츠하이머병과 관련된 뇌의 플라크를 증가시킬 수 있다.[6] 마찬가지로 치료가 되지 않은 심혈관 질환이나 심방세동, 흡연 등은 뇌에 산소가 부족하게 하며 알츠하이머병과 치매, 우울증, 불안 등 뇌 기능 장애의 중요한 위험 요소가 된다.[7] 심장과 혈관이 손상되면 뇌혈관도 손상될 가능성이 매우 높다.

심장과 뇌 사이의 연결성은 여러 가지 놀라운 방법을 통해 그 중요성을 확인할 수 있다. 베이비붐 세대는 지난 150년 동안 그 어떤 세대보다 기억력 테스트에서 낮은 점수를 받았다.[8] 기억력 저하의 결정적인 이유로 꼽힌 것은 바로 만연한 심장 질환이다. 뇌세포가 산소를 꾸준히 공급받지 못하면 기억을 저장할 새로운 연결을 만들어낼 수 없다. 또한 이 연구에서는 참가자들을 6년 동안 추적 관찰한 결과, 건강한 심장을 가진 사람들이 연구 기간 동안 기억력 및 인지 테스트에서 훨씬 나은 성적을 거두었다는 사실을 알아냈다. 반면, 심장 건강이 좋지 않은 집단은 기억력과 실행 능력(계획, 집중, 지시 사항 기억, 멀티태스킹을 통해 하루를 운영하는 능력)이 현저히 떨어졌다.[9]

심장과 뇌의 관계는 양방향이다. 예를 들어, 우울증과 불안은 심장 질환의 예후를 악화시키고, 또 심장 질환은 우울증과 불안의 위험을 높인다.[10] 마찬가지로, 긴장할 때 심박수가 높아지는 건 당연한 일이지만, 비정상적으로 심박수가 높아지면 불안감을 유발하는 신호를 뇌에 보낼 수 있다. 차분한 호흡 운동을 통해 호흡을 조절하면 증가된 심박수가 줄어들고 뇌에 진정 신호가 전달된다. 9장에서는 우울증과 불안을 제대로 치료하지 않으면 뇌가 얼마나 노화될 수 있는지 자세히 논의할 것이다.

1장에서 언급한 뇌에 플라크과 엉킴이 많았지만 기억력이 감퇴하지 않았던 100세 이상의 슈퍼 에이저를 기억할 것이다. 그들만 보더라도 실제로 뇌 쓰레기가 쌓여 있어도 심장이 건강하면 알츠하이머병에 걸릴 확률이 낮아지고, 심혈관계 질환이 있으면 발병 위험이 높아진다는 사실을 알 수 있다. 이는 건강한 심장이 뇌 쓰레기로 인해 피해 입은 뇌의 회복을 돕는 메커니즘 중 하나임을 보여준다. 한 연구진은 395개의 연구를 분석해서 알츠하이머병과 치매 발병을 예방할 수 있는 21가지 요인을 밝혀냈는데, 그중 3분의 2가 심장 건강과 관련이 있었다.[11]

당연하게도 면역체계 역시 심장 건강에 매우 중요한 역할을 한다. 과도하게 활동하는 면역체계로 인해 생긴 염증은 심장과 뇌의 동맥과 혈관을 손상시킬 수 있다. 한 연구에서는 자가면역질환을 앓는 사람이 그렇지 않은 사람에 비해 심혈관 질환으로 병원에 입원할 가능성이 53퍼센트나 높게 나타났다. 또 뇌로 가는 혈관 흐름이 좋지 않아 생기는 '혈관성 치매'에 걸릴 확률 역시 29퍼센트 더 높다는 사실이 밝혀졌다.[12] 물론 모든 자가면역질환이 치매 위험 증가와 관련이 있는 것은 아니다. 예를 들어, 류머티스 관절염이 있는 사람들은 치매에 걸릴 위험이 10퍼센트 정도 낮으며, 연구진은 이 류머티스 관절염의 치료약이 염증을 줄이기 때문에 그 위험이 낮아진 것이라는 이론을 제시했다.[13]

심장과 뇌를 위해 기억해야 할 7가지

그렇다면 건강한 뇌를 위해 심장과 혈액, 혈관과 같은 순환계를 건강하게 유지할 수 있는 방법에는 무엇이 있을까? 뇌를 위해 건강한 심장을 유지하고 싶다면, 아래의 일곱 가지 목록에 주의를 기울여야 한다.

1. **콜레스테롤**

2. **혈압**

3. **심박수**

4. **혈당**

5. **호모시스테인**

6. **흡연**

7. **체중**

콜레스테롤

　　　　대부분의 사람들은 콜레스테롤이라는 말을 들으면 튀긴 음식이나 몸에 좋지 않은 음식을 떠올리며 '콜레스테롤이 건강에 좋지 않을 것'이라 생각한다. 하지만 사실 콜레스테롤은 뇌와 신경계의 건강에 매우 중요한 역할을 한다. 1장에서 얘기한 뇌세포를 코팅하는 수초가 바로 이 콜레스테롤로 구성되어 있기 때문이다. 또 신경전달물질인 도파민과 세로토닌은 의사소통을 위해 콜레스테롤을 사용한다. 그러니 이 역시도 우리 몸에 꼭 필요한 존재인 셈이다.

　　하지만 콜레스테롤이 건강에 좋지 않다는 말도 사실이다. 기본적으로 콜레스테롤에는 좋은 콜레스테롤인 고밀도 지질단백질HDL과 나쁜 콜레스테롤인 저밀도 지질단백질LDL의 두 가지 종류가 있다. 2021년에 진행된 한 연구에서는 지난 20년간 축적된 데이터를 통해 치매와 콜레스테롤 사이의 연관성을 분석했다. 그 결과 HDL과 치매 사이에서는 아무런 연관성을 발견하지 못했으나, LDL과 치매 사이의 유의미한 연관성을 발견했다.[14] 따라서 콜레스테롤의 수치가 정상 범위를 벗어나지 않도록 '균형'을 유지하는 것이 매우 중요하다.

LDL은 동맥에 축적되어 뇌로 가는 혈류를 막는다. 배수관이 막히면 결국 녹이 슬고 산화하는 것처럼, 동맥 역시 LDL이 쌓이기 시작하면 산화되고 만다. 또한 LDL 수치가 높으면 뇌에 형성되는 플라크의 양이 증가한다는 연구 결과가 있기 때문에 LDL 수치는 잘 조절해야 한다.[15]

HDL은 콜레스테롤계의 택시라고 생각하면 이해가 쉽다. 이들은 혈류를 따라 헤엄쳐 다니면서 LDL을 모아 간으로 운반하고 이들의 분해를 촉진하는 역할을 한다. 따라서 나쁜 콜레스테롤이 동맥에 부착되기 전에 제거될 수 있도록 HDL의 수치를 높게 유지해야 한다. 두 가지 유형의 차이를 기억하기 어렵다면, 첫 번째 문자에 집중해보자. LDL은 낮추고^{low}, HDL은 높여야^{high} 한다.

늘 혈액검사를 통해 콜레스테롤 수치를 잘 확인하자. 3부에서 콜레스테롤을 정상 범위로 유지하는 방법을 더 자세히 알아보겠지만, 2021년에 발표된 두 가지 연구에서 제시한 간단한 팁은 바로 견과류를 먹는 것이다. 한 연구에서는 2년 동안 매일 호두 반 컵을 먹은 결과 LDL이 낮아졌다는 사실을 발견했다.[16] 다른 연구에서는 심혈관 질환 위험이 있는 사람이 8주간 피칸을 먹은 결과 LDL이 크게 감소했다고 밝혔다.[17]

○ 콜레스테롤 치료약, 스타틴은 먹어도 될까?

스타틴은 콜레스테롤 수치를 낮추기 위해 사용하는 가장 흔한 약물이다. 하지만 이 약을 처방받는 사람 가운데 실제로 복용하는 사람은 절반도 안 된다고 한다. 왜일까? 그 이유 중 하나는 스타틴이 기억력을 손상시키거나 치매 위험을 높인다는 무시무시한 헤드라인 때문이다. 《미국심장학회지Journal of the American College of Cardiology》는 1000명 이상의 노인을 대상으로 한 포괄적인 분석 결과를 발표했다. 연구진은 6년이 넘는 기간 동안 뇌 스캔과 기억력 테스트를 비롯한 열세 가지 방법을 사용해서 기억력의 다섯 개 영역을 측정했는데, 스타틴과 기억력 감퇴 사이의 연관성을 발견하지 못했다.[18] 실제로 스타틴을 적절히 사용하면 일부 기억력 감퇴와 치매를 예방할 수 있다는 증거가 발견되기도 했다.

하지만 《당뇨병/신진대사 연구 및 리뷰Diabetes/Metabolism Research and Reviews》에 게재된 연구에 따르면 스타틴을 장기간 사용할 경우 혈당 수치와 제2형 당뇨병 위험이 높아질 수 있다는 사실이 드러났다.[19] 따라서 만약 스타틴을 복용하고 있다면 꾸준히 혈당을 측정해 관리해야 한다.

혈압

혈압이 너무 낮거나 높은 것 또한 뇌 기능 장애를 불러오는 위험 요소 중 하나다. 혈액은 뇌에 산소를 전달하는

데, 뇌의 산소 수치를 건강한 수준으로 유지하려면 충분한 양의 산소를 공급할 수 있어야 한다. 혈압이 떨어지면 뇌에 충분한 혈액이 공급되지 못하므로, 반드시 조절해야 한다. 만약 자리에서 일어날 때 어지럽거나 현기증을 느낀다면, 기립성 저혈압을 의심해봐야 한다.

반대로, 고혈압은 뇌 혈관을 손상시켜 뇌를 수축시키고 혈관 질환을 암시하는 백반White Spots을 유발할 수 있다. 전체 인구의 약 50퍼센트가 고혈압을 앓고 있는데도 별다른 증상이 없어 환자 중 대다수가 혈압이 높다는 걸 인지하지 못한다. 하지만 혈압은 조절할 수 있으며, 적절한 치료를 통해 청장년기에 잘 관리해두면 훗날 뇌를 충분히 보호할 수 있다. 놀랍게도 혈압을 낮추는 것만으로도 4년 동안 치매 발병 위험을 7퍼센트나 낮출 수 있다.[20] 한 연구에서는 30대들을 조사한 결과 혈압이 110/70(수축기 혈압/이완기 혈압)인 사람은 135/85인 사람에 비해 뇌가 젊어 보인다는 걸 발견했다.[21] 또 다른 연구에서는 어떤 조건 없이 18~30세 사이의 사람들을 선별해 30년간 추적한 결과, 이들 중 젊을 때 혈압이 높았던 사람들은 뇌가 일찍 노화했다는 사실을 밝혀냈다.[22]

○ 고혈압일까? 아니면 다른 문제가 있는 걸까?

전체 여성의 거의 50퍼센트가 60세가 되기 전에 고혈압이 생기지만, 이를 놓치거나 오진하기 쉽다.[23] 안면 홍조나 심계항진 등의 증상은 고혈압보다 환경과 관련된 것으로 해석하는 경우가 더 많기 때문이다. 하지만 고혈압은 여성의 가장 큰 사망 위험 요인 중 하나이 므로[24] 반드시 미리 관리를 해야 한다.

고혈압은 완경기 전후에 시작될 수 있지만 효과적으로 치료하지 않으면 뇌 기능 장애와 심혈관 질환 발생으로 인한 사망 위험이 높아질 수 있다. 하지만 이를 제때 진단하고 약물과 생활 습관에 변화를 주는 등 적절한 치료를 받는다면 큰 문제가 되지 않는다.

심박수

우리 심장은 하루에 약 11만 5000번 뛰고, 한 번 뛸 때마다 몸에 있는 산소의 약 20퍼센트를 뇌로 보낸다. 뇌가 필요한 산소를 공급받을 수 있는 유일한 방법은 건강한 심장과 혈관을 갖는 것이다.

2021년 《알츠하이머 & 치매Alzheimer's & Dementia》 저널에 발표된 연구에서는 12년 동안 노인들을 추적 조사한 결과, 휴식을 취하는 동안 심박수가 분당 80회 이상을 기록한 사람이 분당 60~69회인 이들에 비해 치매 발병 위험이 55퍼센트 더 높다는 사실을 발견했다.[25] (본래 안정을 취할 때 '정상 심박수'의 범위는 분당 60~100회로 간주했지만, 이 연구는 노인의 경우 범위가 분당 60~80회 정도로 더 낮다는 걸 보여준다.) 심박수는 비교적 쉽게 확인하고 낮출 수 있어 심장과 뇌 건강을 개선할 수 있다.

심박수가 높을 때 발생하는 위험 요소 중 하나는 심방세동이다. 심방세동은 혼란스러운 전기 신호 때문에 빠르고 불규칙한 리듬이 생기면서 심박수가 분당 100~175회까지 치솟는 현상을 말한다.[26] 심방세동은 뇌로 가는 혈류량을 변화시킬 수 있기 때문에 치매와 인지 기능 저하의 위험 요인 중 하나로 꼽힌다.

앞서 말한 것처럼 심박수가 증가하면 신경계 활동이 증가해 불안과 정신 건강 장애 위험이 높아질 수 있다. 반드시 기억해야 하는 점은 뇌가 심박수에 반응한다는 사실이다. 심박수 증가는 뇌에게 걱정거리를 알리는 경보와 같다. 또한 심박수와 혈압 상승은 불안 장애, 강박 장애, 조현병 발생 위험을 증가시킨다.[27]

혈당

당분 또는 포도당은 우리 몸의 모든 세포에 연료를 공급한다. 그리고 이 당분을 가장 많이 사용하는 것이 바로 뇌세포다. 뇌는 전체 체중에서 아주 작은 부분을 차지하는데도 불구하고 몸에 들어오는 당분의 절반을 사용한다.

뇌세포는 생각하고 기억하고 집중할 수 있게 해주는 신경전달물질을 만들기 위해 당분을 사용한다. 따라서 혈당이 정상 범위 아래로 떨어지는 저혈당증이 오면 주의를 기울이거나 머리를 쓰는 것이 어려워진다. 이런 혈당 저하가 오래 지속되면 뇌가 손상될 수 있다.

반면, 혈액 내의 당 수치가 높으면 어떤 일이 일어날까? 동맥의 혈관벽이 손상되거나 염증이 생길 수 있다. 이 염증으로 인해 동맥이 약해져 뇌로 들어가는 혈류량이 줄어들 수 있다. 따라서 혈당에서도 중요한 것은 '균형'이다. 혈당은 뇌를 위해 꼭 필요한 만큼만을 유지해야 하는 연료라는 사실을 기억하자.

호모시스테인

우리 몸은 생명체의 기본적인 구성 요소인 단백질을 만들기 위해 호모시스테인이라는 아미노산을 필요로 한다. 호모시스테인은 우리 몸에서 생성되지만 육류를 섭취하여 얻을 수 있다.

일반적으로 우리는 호모시스테인을 몸에 필요한 다른 물질로 빠르게 분해하기 때문에 혈액 내에 호모시스테인은 없거나 그리 많지 않다. 하지만 혈액 내 호모시스테인 수치가 높아지는 경우, 치매에 큰 영향을 끼칠 수 있다. 이 수치가 높아지면 혈관 안에 작은 핏덩이가 굳어 돌아다니는 혈전이 생겨 혈관이 손상될 수 있기 때문이다. 하지만 중요한 것은 이 수치의 상승은 얼마든지 피할 수 있다는 사실이다.

그렇다면 호모시스테인 수치는 왜 높아지는 걸까? 가장 일반적인 원인 중 하나는 비타민 결핍이다. 우리 몸이 호모시스테인을 분해하려면 비타민 B6와 B12, 엽산이 필요하다. 따라서 비타민이 결핍되면 호모시스테인의 수치가 높아질 수 있다. 이때는 식단에 비타민 B군을 충분히 포함시켜 그 수치를 낮출 수 있다. 비타민 B는 우리 몸이 섭취하는 음식을 통해 에너지를 얻도록 도우며, 적혈구를 생성한다.

간단한 혈액검사로 호모시스테인 수치를 확인할 수 있다. 다음 건강 검진 때 의사에게 물어볼 수 있도록 이 항목을 검사 목록에 추가하자. 정상적인 호모시스테인 수치는 보통 리터당 5~15마이크로몰인데, 남성이 여성보다 높은 경향이 있으며 나이가 들면서 자연스럽게 수치가 상승할 수 있다. 호모시스테인의 수치가 높다면 의사와 상담해 치료 계획을 세워야 한다.

흡연

흡연이 심장병뿐 아니라 뇌 기능 장애를 일으킬 수 있다는 사실은 그리 놀랍지 않다. 흡연은 긴장을 완화시키는 데 도움이 된다고 하지만, 사실 기분의 균형을 맞추는 뇌 안의 화학물질들의 작용을 방해해 스트레스와 불안감을 증가시킨다. 흡연자들은 비흡연자들에 비해 우울증에 걸릴 위험이 높으며 치매에 걸릴 위험은 30퍼센트, 알츠하이머병에 걸릴 위험은 40퍼센트 더 높다.[28]

흡연자들은 또한 주변 사람들을 위험에 빠뜨린다. 전 세계 약 10억 명의 흡연자 때문에 그 주변 사람들은 간접흡연을 하게 된다. 간접흡연으로 인해 마실 수 있는 연기에는 약 7000개의 화학물질이 포함되어 있는데 그중 수백 개는 독성물질이고 적어도 70개는 암을 유발하는 물질이다.[29] 매년 전 세계에서 약 100만 명이 간접흡연으로 사망한다.[30]

간접흡연에서 더 나아간 3차 흡연도 있다. 3차 흡연은 실제 담배 연기가 아니라 옷이나 방에 냄새를 배게 하는 연기의 잔여물에서 시작되며, 그 잔여물에서도 독성 화학물질이 방출될 수 있다.[31] 그러니 호텔에서 금연실과 흡연실 중 하나를 선택할 수 있다면 반드시 금연실을 선택하는 게 좋다.

체중

50세 이상의 남녀가 과체중인 경우에는 치매에 걸릴 확률이 더 높다. 여성의 경우 그 연관성이 더욱 두드러진다. 키와 체격을 기준으로 허리 사이즈가 정상 범위를 벗어난 여성은 정상 범위인 여성에 비해 15년 안에 치매에 걸릴 위험이 39퍼센트 증가한다.[32] 뱃살, 즉 내장지방은 염증을 유발할 뿐만 아니라 신진대사와 호르몬 분비를 방해한다는 점을 기억해야 한다.

비만은 또 혈류와 뇌 활동을 감소시킨다.[33] 낮은 뇌 혈류는 알츠하이머병을 예측할 수 있는 중요한 변수 중 하나이고 우울증, ADHD, 양극성 장애, 조현병, 중독 등 다양한 정신적 문제와도 관련이 깊다. 만연한 비만은 미국에서 뇌 문제가 증가하는 이유를 설명하기도 한다. 미국의 경우 국민의 약 40퍼센트가 비만이고, 30퍼센트가 과체중에 해당한다. 이는 전체 미국인의 거의 4분의 3에 달하는 수치다.[34]

그렇다면 체지방이 과다한 상태, 즉 과체중 및 비만을 진단하는 기준을 뭘까? 대개 비만을 판단하는 기준은 자신의 체질량지수BMI

다. BMI는 자신의 체중을 키의 제곱으로 나누어 계산한 수를 말한다. 그 수치가 18.5~24.9일 때 정상, 25~29.9면 과체중, 30 이상이면 비만으로 간주한다. 그러나 BMI는 지방과 근육의 무게를 구분하지 못한다는 점에서 문제가 있다. 근육량이 보통 사람에 비해 월등히 많은 운동선수의 경우, 근육 때문에 체중이 많이 나가서 BMI가 높아질 수 있다.

따라서 비만 여부를 확인하고자 한다면 BMI보다 허리-신장 비율이 정확하다.[35] 이 값은 허리둘레와 키를 측정한 뒤 키를 허리둘레 측정치로 나누어 그 값에 100을 곱해 계산한 값으로 허리-신장 비율이 50퍼센트 이상이면 비만과 관련된 질병에 걸릴 위험이 더 높다. 이를 예방할 간단한 방법은 허리둘레를 키의 절반 이하로 유지하는 것이다. 예를 들어, 키가 162센티미터인 사람은 허리둘레를 81센티미터 이하로 유지해야 한다. 건강을 개선하기 위해 체중을 정상 범위로 낮추면, 놀랍게도 기억력도 좋아지고 인지력 테스트 결과 역시 향상된다.[36] (비만 위험을 줄이는 방법에 식단 조절과 운동만 있는 것은 아니다. 박테리아, 호르몬 수치, 환경 요인, 수면 등의 요인도 모두 비만에 영향을 미칠 수 있으므로 관리 대상에 포함시키는 것이 좋다.)

그러나 과체중 자체가 건강을 악화시키는 결정적인 지표는 아니다. 그러니 체중계의 숫자에 너무 집착하는 것은 좋지 않다. 그보다는 콜레스테롤과 혈압, 혈당 등 이 책 전반에서 이야기하는 더 중요한 수치들을 정상 범위 안으로 유지하는 것이 훨씬 더 건강에 도움이 된다는 사실을 잊지 말자.

긍정적인 사람의 심장이 더 건강하다

이런 지표들의 수치를 검사하고, 일정 수준을 유지하는 것 외에 심장 건강을 향상시킬 수 있는 또 다른 방법에는 무엇이 있을까? 바로 인생을 살아가는 태도다. 낙관적인 사람은 비관적인 사람에 비해 심혈관 건강이 좋을 가능성이 두 배나 높다.[37]

주변에 낙관적인 사람이 많으면 알츠하이머병, 치매, 인지력 저하와 관련된 위험 요소를 낮출 수 있다.[38] 그리고 본인 스스로가 낙관적일 경우 건강 전반에 긍정적인 영향을 미친다. 낙관주의자는 오래 사는 경향이 있는데, 그렇지 못한 이들에 비해 85세에 도달할 확률이 50~70퍼센트나 높다.[39]

연구에 따르면 낙관적인 태도는 얼마든지 후천적으로 배울 수 있고, 자신의 학습 능력을 긍정적으로 생각하면 더 쉽게 변할 수 있다.[40] 즉, 낙관적인 태도를 배우는 것에 낙관적이라면 실제로 낙관적으로 변할 가능성이 높아진다는 얘기다. 그러니 당신이 비관적인 사람이고, 낙관적인 태도를 배우는 건 불가능하다고 생각한다면 아마 평생 배우지 못할 것이다. 스스로 할 수 있다고 믿을 때, 우리는 더 잘할 수 있게 된다.

비관론자에게도 한 가지 좋은 소식을 말해주자면, 비관론자로 사는 것에도 이점이 있다. 지나치게 낙관적인 사람은 그렇지 못한 이들에 비해 비교적 쉽게 실망한다.[41] 이 말인즉, 낙관성 역시도 우리가 지금껏 이야기한 바와 같이 '균형'이 중요하다는 것이다.

낙관적인 태도를 빨리 배우고 싶다면, 대체로 좋은 감정을 안겨주지만 하지만 가끔은 속상하거나 짜증나거나 좌절하게 하는 주변 사람을 떠올려보자. 그리고는 그 사람의 여러 가지 모습 중 당신이 좋아하고 아끼며, 관심 있는 부분에 집중해보자. 그렇게 하루에 몇 번씩 그 사람을 떠올리면서 장점을 보는 연습을 반복하면 스스로 더 낙관적인 사람이 된다.[42]

이 장을 마무리하는 당신의 기분이 낙관적이길 바란다. 이제 우리는 뇌와 심장이 연결되어 있다는 사실, 그리고 심장 건강을 개선하면 뇌를 보호할 수 있다는 사실을 알았다. 아주 작은 개선 하나가 큰 효과를 가져올 수 있다는 것을 기억하며 다음 장으로 넘어가보자.

04

박테리아가 뇌를 살린다

"직감^{gut}에 귀 기울여라"라는 말을 들어본 적이 있는가? 용기를 주던 이 말이 장^{gut, 腸}과 뇌 사이의 관계가 알려지면서 과학적 근거에 기반한 현명한 말이었다는 사실이 밝혀졌다. 알고 보니 장은 '제2의 뇌'라고 해도 무방할 정도로 뇌와 많이 닮았다. 장에는 약 5억 개의 뉴런, 즉 뇌세포가 있고, 이 세포들은 3장에서 얘기한 미주신경을 통해 뇌와 소통하고 있다. 이렇게 장내 신경계와 중추신경계가 연결되어 상호작용 한다는 이론을 '장뇌축'이라고 한다.

긴장하면 배가 아픈 것도 뇌와 장이 양방향으로 연결되어 있기 때문이다. 감정, 스트레스, 불안, 우울증이 장 증상으로 나타나기도 하며, 장에서 일어나는 일들이 기분에 영향을 미칠 수도 있다. 과민성 대장 증후군이나 장에 문제가 있는 사람들이 불안과 우울을 겪을 가능성이 더 높은 것도 이런 이유에서다. 뉴런뿐만 아니라 장내의 박테리아 역시 이 양방향 연결에서 매우 중요한 역할을 한다. 이제부터 박테리아에 대해 이야기해보려 한다. 아마 앞으로 하게 될 박테리아 이야기는 지금까지 읽은 내용 중 가장 흥미로울 것이다.

이런 말을 하고 싶진 않지만, 사실 당신은 반은 인간이고, 반은 박테리아다. 인간의 몸은 약 37조 개의 세포로 이뤄져 있고, 몸 안쪽과 표면에 이와 같은 수인 약 37조 개의 박테리아가 살고 있기 때문이다.[1] 이 박테리아의 무게를 전부 합치면 약 2.3킬로그램 정도가 된다. '잠깐, 뭐라고? 내 몸의 절반이 박테리아인데 무게는 2.3킬로그램밖에 안 나간다고?'라고 생각할 수 있다. 이는 인간 세포가 박테리아보다 훨씬 크기 때문이다. 따라서 더 정확하게 말하자면, 세포 수로만 따졌을 때 우리 몸의 절반은 인간이고 절반은 박테리아다.

박테리아는 아주 작은 단세포생물인데 모양과 크기가 매우 다양하다. 어떤 건 작은 원 모양이고 어떤 건 꼬불꼬불한 선처럼 보이기도 하며, 꼬리가 달린 박테리아도 있다. 우리 몸 안에는 수조 개의 박테리아, 곰팡이, 다양한 종의 기생충 등이 살고 있으며, 이런 미생물들의 총체를 '마이크로바이옴'이라 한다. 이는 온갖 종류의 동식물이 함께 사는 숲이라고 생각하면 된다. 마이크로바이옴은 영양, 면역, 심지어 인간의 발달에도 중요한 역할을 한다. 예를 들어, 박테리아는 태아의 발달을 조율하는 데 도움이 되는 화학물질을 방출한다. 이는 진정한 의미의 공생이기도 하다. 반면 건강에 해로운 마이크로바이옴은 당뇨병, 자가면역질환, 뇌 기능 장애와 같은 질병을 일으킨다.

○ 박테리아와 바이러스, 무엇이 다를까?

박테리아는 바이러스가 아니다. 박테리아는 스스로 번식할 수 있는 살아 있는 세포지만, 바이러스는 살아 있는 게 아니라 기본적으로 유전 물질이 들어 있는 캡슐일 뿐이다. 그들은 번식하려면 살아 있는 세포 안으로 들어가야 한다(감염).

우리의 몸속, 박테리아가 하는 일

박테리아가 뭔가를 하고 있는 건 틀림없는 사실이다. 예전에는 박테리아는 이로울 게 없고, 다른 병균과 한패가 되어 우리 몸에 해를 끼치는 존재라고 생각했다. 하지만 지금은 마이크로바이옴에 있는 박테리아가 놀랍게도 우리의 정신과 육체의 건강에 긍정적인 영향을 미친다는 사실을 깨달았다. 마치 영화에서 악당이라고 생각했던 사람이 실제로는 영웅이었다는 걸 깨달은 셈이다.

지금 우리 피부는 1조 5000억 개가 넘는 박테리아로 덮여 있다. 박테리아는 놀랍게도 대부분 우리에게 이롭다. 우리가 살아가고 번성하는 데 필요한 박테리아를 '좋은 박테리아'라고 부르며, 피부 표면에 존재하는 좋은 박테리아들은 곰팡이를 먹어치운다. 피부에 이런 박테리아가 없으면 마치 곰팡이가 핀 방처럼 보일 것이다.

이렇듯 우리의 몸에는 수많은 박테리아가 있지만, 주로 대장에 사는 박테리아를 자세히 살펴볼 예정이다. 대장에는 몸의 그 어떤 부분보다 많은 박테리아가 살고 있으며, 이들이 뇌와 면역체계의 건강에 가장 큰 영향을 미치기 때문이다.

장내 박테리아와 유리한 계약을 맺다

우리는 장내 박테리아와 서로 유리한 계약을 맺은 관계다. 우리는 박테리아에게 번식하기 좋은 온도와 습도, 그리고 먹을 것이 많은 거처를 제공하고 장내 박테리아는 그 답례로 신진대사 및 호르몬, 면역 기능과 같은 신체 기능을 돕는다. 예를 들어, 타이레놀의 약효가 유난히 잘 듣는 사람이 있다. 일반적으로 약의 효과는 장에 서식하는 박테리아의 유형에 따라 달라질 수 있다. 어떤 사람은 장에 타이레놀을 작게 분해하는 박테리아가 있어서 활성 성분이 장을 통해 혈류로 들어가 통증을 빠르게 완화시키는 반면, 어떤 사람은 그런 박테리아가 없거나 충분하지 않아 통증 완화 효과를 누리지 못한다.

항우울제의 경우도 마찬가지다. 심한 우울증 환자의 약 10~30퍼센트가 처방받은 항우울제에 효과를 보지 못했는데, 그 원인 중 하나가 마이크로바이옴의 박테리아였다. 2021년에 이루어진 한 연구를 통해 몇몇 사람의 경우 마이크로바이옴의 박테리아로 인해 둘록세틴

같은 특정 항우울제의 약효를 보지 못했음이 밝혀졌다. 특정한 종류의 장내 박테리아가 이 약물을 삼켜 약이 혈류로 흡수되지 못하게 한다는 사실을 연구원들이 발견한 것이다. 이처럼 박테리아에 의해 약물의 치료 효과가 크게 감소할 수 있다.[2]

다른 예를 들어보자. 여러분은 초콜릿을 좋아하는가? 중독 수준으로 초콜릿을 좋아한다면, 장에 특정한 종류의 박테리아가 있는 건 아닌지 의심해볼 수 있다. 장내 박테리아가 초콜릿에 대한 갈망을 유발하는 화학물질을 방출하기 때문이다. 초콜릿을 좋아하지 않는 사람의 장에는 이런 박테리아나 없거나 별로 많지 않을 것이다. 다음에 초콜릿이 당길 때는 장에 있는 박테리아가 초콜릿을 갈망하는 게 아닐까 의심해보자.[3] 초콜릿을 참을 수 있을지도 모른다.

지금까지 알아본 사례들은 장내 박테리아가 끼치는 영향 중 일부에 불과하다. 장내 박테리아는 영양과 신진대사에도 중요한 역할을 한다. 우리가 먹는 다양한 음식 중, 단당 같은 음식은 쉽게 소화되지만 섬유질이 많이 함유된 음식은 소화시키기 어렵고 그 안에서 필요한 영양소를 추출하기도 어렵다. 이때 우리가 도움을 받는 게 바로 장내 박테리아다. 이들은 음식을 소화시키고 영양분을 추출해서 장벽을 통과하고 혈액으로 들어갈 수 있게 한다. 이 외에도 장내 박테리아는 수많은 일을 해내는데, 자세한 내용은 아래와 같다.

- 체중과 신진대사 관리를 돕는다.
- 면역체계가 균형을 잡을 수 있도록 도와준다.

- 우리 몸이 스스로 만들지 못하는 필수 미량 영양소인 특정한 비타민 (특히 비타민 B)을 만든다.
- 뇌 건강에 놀라운 역할을 한다.

○ 박테리아는 어디에서 얻을까?

우리가 이 세상에 태어나는 방식이 초기 박테리아를 얻는 데 중요한 영향을 미친다. 자연분만으로 태어난 아기는 초기 박테리아의 대부분을 산도에서 얻는다.[4] 또한 제왕절개로 태어난 아기는 분만실에 있는 박테리아를 통해 초기 박테리아를 얻는다. 이후 몇 년 동안 아기의 몸은 어떤 종류의 박테리아가 장에 서식할지 결정하기 위해 계속해서 싸움을 벌인다.

어떤 박테리아가 장에 머무를 것인지 결정하는 요인에는 거주 환경(시골 또는 도시), 밖에서 보내는 시간, 약물, 반려동물, 식단 등 여러가지가 포함된다. 환경이나 식단 변화에 따라 일생 동안 박테리아의 유형이 계속 달라질 수 있다. 이런 변화는 건강에 이로울 수도 있고 해로울 수도 있다.

더불어 자연분만과 제왕절개가 건강에 어떤 영향을 미치는지 아직 확실히 밝혀진 바는 없다. 하지만 2020년 연구를 통해 제왕절개로 태어난 아기는 출생 후 최대 40년까지 류머티스성 관절염, 셀리악병, 염증성 장 질환에 걸릴 위험이 더 높다는 사실이 밝혀졌다.[5] 같은 해 또 다른 연구에서는 제왕절개로 태어난 아기에게 모유 수유를 할 경우, 형성되지 않은 장내 박테리아가 생겨나 어릴 때 발생할 수 있는 감염의 위험을 낮추는 것으로 나타났다.[6]

뇌를 움직이는 장내 박테리아

세로토닌과 감마-아미노부티르산GABA 같은 신경전달물질은 박테리아에 의해 장에서 생성된다. 실제로 우리 몸의 세로토닌 대부분은 장에서 만들어진다. 이 신경전달물질은 뇌에서 행복, 두려움, 불안 같은 감정을 조절한다. 따라서 장내에 어떤 박테리아가 얼마큼 있는가에 따라 감정 상태에 영향을 미칠 수 있다. 부티르산butyrate 같은 화학물질도 생성한다. 부티르산은 항염 작용을 하며 뇌세포를 보호한다.[7]

장내 박테리아가 뇌에 영향을 미친다는 최초의 징후는 2011년에 발표된 쥐를 이용한 획기적인 연구에서 발견되었다. 특정 유형의 장내 박테리아는 뇌를 진정시키는 효과를 발휘하는 반면, 어떤 박테리아는 불안감을 조성할 수 있다는 결과가 나온 것이다.[8] 쥐의 성격은 사람처럼 다양하다. 어떤 쥐는 모험적이고 대담하지만 또 어떤 쥐는 수줍고 소심하다. 과학자들은 모험적인 쥐의 장내 박테리아를 수줍은 쥐의 장에 이식하고, 반대로 수줍은 쥐의 장내 박테리아를 모험적인 쥐의 장내에 이식하면 어떤 일이 벌어질지 살펴봤다. 그러자 모험적이고 대담한 쥐는 겁을 먹은 듯한 행동을 취했고, 반대로 수줍음 많았던 쥐는 더 뻔뻔한 모습을 보였다. 장내 박테리아가 뇌에 영향을 미쳐 성격을 변화시킨 것이다. 또한 연구진들은 미주신경이 절단된 상태에서 장내 박테리아를 이식하면, 쥐의 성격이 변하지 않는다는 걸 발견했다. 이는 미주신경이 장내 박테리아와 뇌 사이의 의사소통에 꼭 필요하다는 사실을 방증한다.

미주신경을 기타줄이라고 생각해보자. 줄을 빨리 튕기면 감정을 자극해서 불안감을 일으킬 수 있다. 반면 줄을 느리게 튕기면 신경이 진정된다. 다양한 종류의 박테리아는 이 기타줄 같은 미주신경에 영향을 미치는 자극 인자 또는 진정 인자를 방출한다. 이는 장내 박테리아에서 일어나는 일이 실제 기분에 영향을 미칠 수 있음을 의미한다. (이후의 연구를 통해 인간의 장내 박테리아 유형과 불안, 우울증, 조현병 같은 뇌 질환 사이의 연관성이 밝혀졌다.[9])

장과 뇌는 어떻게 소통할까?

그렇다면 장과 뇌는 서로 어떻게 소통하는 걸까? 뇌는 대개 '혈액뇌장벽'을 통해 혈액 속을 돌아다니는 여러 요인으로부터 보호받는다. 이는 혈류에 있는 모든 것으로부터 뇌를 지키기 위해 뇌 주변을 둘러친 보안 울타리라고 생각하면 된다. 마이크로바이옴에서 방출된 인자들은 이 혈액뇌장벽을 통과하는데, 이 과정에서 박테리아는 뇌 기능과 신진대사 전반에 영향을 미칠 수 있다. 또한 이 장벽은 화학물질과 영양분, 다양한 인자를 구분해서 뇌로 들여보내는 시스템을 갖추고 있다.[10] 따라서 마이크로바이옴이 혈액뇌장벽을 통과한다는 것은 우리 장과 뇌 사이의 연결이 얼마나 강한지 보여준다.

장과 뇌의 연결은 정보가 양쪽으로 이동하는 양방향 도로이기도 하다. 불안과 스트레스를 느끼거나 걱정스럽고 스트레스가 심한 생각을 하면 부신이라는 내분비 기관에서 혈류로 코르티솔이 방출된다. 이 호르몬이 장에 축적되면 유해한 박테리아의 성장이 촉진되고, 이 박테리아가 미주신경을 통해 뇌로 신호를 보내서 악순환을 만든다. 장에 코르티솔이 과도하게 축적되면 미주신경을 흥분시켜서 더 많은 코르티솔이 방출되고 이로 인해 스트레스와 불안감이 높아진다. 이 때문에 경우에 따라 장 문제를 치료할 때 스트레스 관리가 포함되기도 한다. 반대로 스트레스 및 불안 치료를 위해 장 건강을 관리하기도 한다. 다음 장에서는 뇌 건강을 개선하기 위해 장 건강을 최적화하는 기술과 그와 반대되는 기술에 대해서 알아볼 것이다.

이 장에서 당신이 가장 중요하게 기억해야 하는 것은 '장에서 일어나는 일이 신경 연결, 신경전달물질, 주요 화학물질을 통해 기분과 기억력, 노화 방식에 영향을 미칠 수 있다는 사실'이다. 장내 박테리아는 소화를 돕는 것은 물론이고 면역 기능 강화와 비만 예방, 파킨슨병, 알츠하이머병, 자가면역질환, 불안, 우울증 같은 질환에도 중요한 역할을 한다. 예를 들어, 2020년에 진행된 한 연구는 알츠하이머병 환자와 그렇지 않은 사람을 비교해 그들의 장에서 자라는 박테리아의 유형과 조합이 서로 다르다는 걸 확인했다.[11] 특정한 종류의 해로운 박테리아는 독소와 플라크 같은 물질을 방출하는데 이것이 장

을 떠나 뇌로 이동하면 치매나 알츠하이머병과 관련된 손상을 일으킬 수 있다.[12]

박테리아 균형이 깨지면 생기는 일

건강한 사람의 경우에는 유익한 박테리아와 유해한 박테리아가 균형을 이룬다. 어떤 박테리아는 위험하기도 하지만, 그런 것들은 우리 체내에 서식하는 모든 박테리아 중 극히 일부에 불과하다. 그리고 다양한 박테리아의 기능을 계속 연구하면서, 그간 유해하다고만 생각했던 박테리아가 다른 박테리아와 공존하며 그 균형만 유지한다면 오히려 우리에게 이익이 된다는 사실을 알게 되었다. 유익한 박테리아와 유해한 박테리아의 전체적인 균형이 깨지면 다양한 대사질환 및 자가면역질환이 발생할 수 있다. 이 균형을 지키기 위해 유해한 박테리아가 과도하게 증식하는 것을 막아주는 일을 면역체계가 해내고 있다.

그렇다면 박테리아의 위치도 건강과 연관이 있을까? 물론이다. 마치 집의 위치가 부동산의 가치를 정하는 것처럼, 박테리아도 그 위치에 따라 유익할 수도, 유해할 수도 있다. 이를 보여주는 예시 중 하나는 '소장의 박테리아 과잉 증식'이다. 특정한 종류의 박테리아는 대장에 있을 때 이롭지만, 소장으로 올라가 증식하기 시작하면 복통과 영양분 흡수 장애를 일으킬 수 있다. 이런 상태를 소장 내 박테리아 과증식 증후군SIBO이라고 한다. 과민성 대장 증후군, 크론병, 장 수술, 간경화, 알코올중독, 섬유근육통 같은 다양한 기저 질환이 이 증후군의 발병 위험을 높인다. 한 연구를 통해 소장 내 박테리아 과증식 증후군의 증상을 유발할 수 있는 141종의 박테리아를 식별해내기도 했다.[13] 이 증후군은 집중력 저하, 혼란, 기억력 문제 등 뇌에 안개가 낀 듯한 현상을 일컫는 '브레인 포그brain fog'의 위험을 높인다는 증거가 발견되기도 했다.

균형이 잘 이뤄진 장내의 박테리아는 장 안에 막을 형성하고 경비원처럼 영양분만을 혈류로 통과시킨다. 이들은 '유익한' 박테리아다. 하지만 건강하지 않은 장에서는 염증을 키우고 장 내막을 손상시키는 화학물질을 분비하는 '유해한' 박테리아가 과도하게 증식한다. 이런 경우, 박테리아가 더 이상 효과적인 장내 장벽 기능을 수행하지 못하고, 그 결과 장 내부의 독소와 노폐물이 체내에 누출될 수 있다. 이런 장 누수가 발생하면 면역체계는 새어 나간 독소와 노폐물, 음식물 찌꺼기를 제거하기 위한 전투를 시작한다. 그 결과 염증이 발생하고, 이는 심해지면 자가면역질환의 가능성을 높일 뿐 아니라 확산을 통해 뇌까지도 공격해 노화를 촉진할 수 있다. 따라서 장내 박테리아의 균형을 맞추려는 노력이 반드시 필요하다.

마이크로바이옴은 또 파킨슨병의 중요한 요인으로 떠오르고 있다. 파킨슨병을 앓고 있는 이들을 보면 떨림과 같은 파킨슨병의 증상보다 위장 증상이 먼저 나타나는 경우가 많다. 이런 증상은 파킨슨병 환자의 장과 뇌에 염증을 일으키는 장내 박테리아의 불균형에 의한 것일 수 있다.[14] 또 특히 알츠하이머병의 경우 마이크로바이옴이 소교세포를 자극해서 뇌의 청소를 막고 염증을 증가시켜 인지력을 떨어뜨린다는 증거가 발견되기도 했다.[15]

우리는 앞서 면역체계를 자신이 아닌 것으로부터 자신을 보호하기 위해 만들어진 복잡한 군대라고 배웠다. 하지만 우리의 몸의 절반이 '나'가 아닌 박테리아 세포라는 걸 알게 된 지금, 한 가지 궁금증이 생겨난다. 대체 면역체계는 우리 몸에 남겨두어야 할 유익한 박테리아와 제거해야 할 유해한 박테리아를 어떻게 구분하고 있는 걸까?

형사 드라마를 즐겨 보는 사람이라면, 형사들이 범죄 해결을 위해 종종 정보원을 이용한다는 걸 알고 있을 것이다. 형사를 면역체계, 정보원을 박테리아로 한번 상상해보자. 박테리아는 정보를 주며 면역체계를 가르치고 훈련한다. 유익한 박테리아는 보존해야 할 좋은 박테리아와 제거해야 할 나쁜 박테리아에 대해 알려주는 반면, 유해한 박테리아는 면역체계에 잘못된 정보를 주어 혼란을 야기한다. 나쁜 박테리아를 보존하고 좋은 박테리아를 제거하도록 하는 것이다. 박테리아 사이의 균형이 깨져 유해한 박테리아가 득세하게 되면, 면역체계는 잘못된 정보를 더 많이 듣고 행동할 가능성이 높다. 그러니 좋은 정보원을 두는 것이 우리 몸에 유익하다.

장내 박테리아 관리하는 법

건강한 장은 다양한 종류의 박테리아로 가득 차 있다. 하지만 나이가 들어감에 따라 장내 미생물의 다양성이 감소하는 경향이 있으며, 이는 장과 뇌와 면역 건강에 악영향을 미칠 수 있다. 우리는 섭취하는 음식을 통해 다양한 장내 미생물을 만들어내므로, 무엇을 먹느냐는 우리의 뇌와 직결되는 문제다.

식단이 마이크로바이옴의 건강에 큰 영향을 미치기는 하지만 장내 박테리아를 보살피는 데 필요한 건 음식뿐만이 아니다. 예를 들어, 항생제는 현대 의학이 만들어낸 놀라운 기적이지만 박테리아를 무차별적으로 죽인다. 따라서 유익균과 유해균이 모두 제거될 수 있으므로 반드시 필요할 때 의사의 지시에 따라 사용해야 한다. 이건 항생제뿐 아니라 모든 약에 동일하게 적용되는 원칙이다. 항생제를 처방받은 경우, 손실된 유익균을 보충하기 위해 항생제와 함께 프로바이오틱스를 복용해야 하는지 의사에게 꼭 물어보자. 또 항생제를 복용하는 동안 식단에 프로바이오틱스와 프리바이오틱스 식품을 포함시키는 것도 중요하다. 한 연구에서는 항생제 복용 시에 프로바이오틱스를 챙겨 먹는 것만으로도 이와 관련된 위장 문제 발생 위험이 줄어든다고 밝혔다.[16] (프리바이오틱스와 프로바이오틱스의 차이는 14장에서 더욱 자세히 알아보자.)

또 특정한 종류의 비누도 조심해야 한다. 항균 비누는 오히려 유익한 박테리아까지 죽일 수 있다. 손은 잘 씻어야 하지만 항균 비누는 곧 수술을 해야 하는 경우 등 특수한 때를 제외하곤 쓸 필요가 없다. 그냥 일반적인 비누와 물로도 충분하다.

이번에 당신이 기억해야 할 중요한 메시지는 박테리아가 우리의 정신 건강과 육체 건강에 영향을 미치는 퍼즐의 일부라는 것이다. 퍼즐 조각 하나를 잃어버리면 전체 그림을 볼 수 없는 것처럼, 박테리아 역시 뇌 건강을 지키는 데 매우 중요한 퍼즐 조각이다. 그러니 장내 박테리아를 잘 관리해야 한다. 유익한 박테리아에게는 먹이를 주고 유해한 박테리아는 굶기자. 우리와 박테리아는 공생하고 있다는 사실을 잊지 말자.

05

스티븐 윌트샤이어Stephen Wiltshire는 카메라나 공책 없이 헬리콥터를 타고 처음 가보는 도시 상공을 15분간 비행한 뒤, 그 도시 건축물들의 모양새를 아주 정확하게 그려냈다.[1] 또 스티븐은 이탈리아 로마에 있는 판테온 신전 상공을 아주 잠시 비행한 뒤, 이를 그림으로 그렸다. 그 스케치에는 실제 판테온 기둥의 모양과 개수가 정확하게 그려져 있었다. 이런 짧은 순간에 어떻게 이토록 정확히 기억해낼 수 있었을까?

바로 스티븐이 서번트 증후군을 앓고 있었기 때문이다. 즉, 스티븐은 초인적인 기억력을 가지고 있는 반면, 일상적인 기억이나 의사소통에는 어려움을 겪는 사람이었다. 스티븐이 어떻게 기억하고 그림을 그리는지는 여전히 미스터리지만, 이 현상은 인간의 두뇌가 매우 복잡하며, 우리는 여전히 그 능력에 대해 알아가고 있는 중이란 걸 보여주기도 한다. 그럼에도 이런 기억력 천재들 덕분에 기억이 작동하는 방식, 그리고 이를 개선하는 방법을 더 잘 알 수 있게 되었다. 카드 한 벌의 순서를 20초 만에 외우는 알렉스 멀렌Alex Mullen은 숫자 3000개를 순서대로 외우기도 했다.[2] 멀렌을 보며 독자들은 이렇게 말할지도 모르겠다.

"난 카드 덱을 외울 필요도 없고, 숫자 3000개를 외울 일은 더 더욱 없습니다. 그 사람들의 기억력이 대단한 게 나와 무슨 상관입니까! 난 그저 스마트폰을 어디에 두었는지 기억하고 싶을 뿐이라고요!"

하지만 뇌가 어떻게 작동하고 기억하는지 이해하면 스마트폰을 둔 장소나 차를 주차한 위치, 열쇠를 둔 장소, 오랜만에 보는 이들의 이름 등 일상적인 일들을 손쉽게 기억할 수 있다. 기억력의 비밀이 기억력이 형성되는 과학적 원리에 있기 때문에 가능한 일이다. 뇌를 젊게 유지하면 계속해서 새로운 기억을 만들고 오래된 기억에 접근할 수 있다.

당신은 자신의 기억이 비디오카메라 녹화본과 같다고 생각할지도 모른다. 예전 기억을 다시 꺼내보고 싶으면 재생 버튼만 누르면 된다고 말이다. 하지만 기억은 이런 식으로 만들어지거나 떠올려지는 게 아니다.[3] 어떤 내용을 보고 '그냥 기억하자'라고 혼자 되뇐다고 해서 반드시 기억에 남는 것도 아니다. 대개 기억하기 위해서는 더 많은 노력이 필요하다. 기억과 관련된 뇌 구조와 기억이 작동하는 방식을 알아보면서 실제로 기억력을 향상시키고 기억을 오래 유지하는 방법을 배워보자.

○ 우리의 놀라운 기억력

우리가 매일 행하기 때문에 주목하지 않았던 사소한 일들은 우리의 기억력이 얼마나 뛰어난지 보여준다. 예를 하나 들어보자. 타자를 칠 줄 아는 사람은 손가락을 부산하게 움직이면서 매우 쉽고 빠르게 타자를 칠 것이다. 하지만 어떤 손가락이 특정 문자를 누르는지 정확하게 말할 수 있을까? 대부분의 사람은 하지 못한다. 이는 자기가 정확하게 표현할 수 없는 것까지 알고 있을 만큼 우리의 기억력이 뛰어나다는 걸 보여주는 사례다.

우리 머릿속 3가지 기억

기억에는 총 세 가지 유형이 있으며 이는 감각 기억, 단기 기억, 장기 기억이다. 감각 기억은 뇌가 감각을 통해 주변 정보를 수집할 때 생긴다. 이 감각 기억은 순간적으로 머무르기 때문에 찰나에 터진 후 사라지는 불꽃놀이의 불꽃과 같다. 물론 이런 기억도 흥미로우나, 기억력을 향상시키려면 다른 두 가지 기억에 초점을 맞춰야 한다.

우리는 부호화, 저장, 회상이라는 과정을 통해 추억을 만들고 기억한다. 이 과정을 더 쉽게 설명하기 위해 기억의 핵심 측면을 함께 알아보고자 한다. 이 가운데 하나를 건너뛰거나 비효율적으로 통과하면 그 정보를 기억하지 못할 가능성이 높다.

1. **진정한 집중 또는 의식적으로 주목하기**
2. 단기 기억
3. 장기 기억

진정한 집중 또는 의식적으로 주목하기

여러분이 이 페이지를 읽을 때에도 여러분 주변에서는 많은 자극이 발생하고 있다. 문명으로부터 수 킬로미터 이상 떨어진 평화로운 오두막에 혼자 있든, 아니면 붐비는 버스에서 옆에 있는 사람의 냄새를 맡지 않으려고 애쓰면서 이 책을 읽고 있든 간에 여러분의 뇌가 처리해야 하는 수많은 일이 벌어지고 있다. 지금 앉아 있거나 서 있다면 뇌는 발이 바닥에 가하는 압력이나 의자에 앉은 느낌을 처리해야 한다. 또 뇌는 주변 온도와 아주 작은 배경 소음까지도 감지한다. 지금 여러분의 뇌는 책에 집중하기 위해 의식적으로 주변을 인식하지 않으려 상당 부분 억제하고 있을 것이다. 만일 그렇게 하고 있지 않다면, 의미 있는 정보를 기억할 기회를 놓치게 될 것이다. 마치 시험공부에 집중해야 할 때, 뇌가 '지금이야말로 벽지

무늬를 관찰하고 분석하기 완벽한 시간이다!'라고 말하는 것과 같다. 주변의 중요하지 않은 자극을 모두 차단하고 진정한 집중을 통해 주의를 기울이지 않으면 의식적인 기억을 만들 수 없다는 얘기다. 기억을 만드는 과정에서 진정한 집중, 즉 '주목'은 감각 기억과 단기 기억 사이에 위치하는 단계다. 진정한 집중은 기억을 만들기 위해 노력해야 한다는 신호를 뇌에 전달한다. 이때, 우리는 뇌의 집중력에는 한계가 있다는 걸 알아야 한다.

스티브 잡스Steve Jobs는 1990년대부터 2010년까지 매일 똑같은 청바지와 검은색 터틀넥을 입었다. 다양한 옷을 살 여유가 있는 사람이 왜 매일 같은 옷을 고른 걸까? 스티브 잡스는 집중력을 조절하는 뇌 부위인 전전두엽 피질에 대해 잘 알고 있었다. 1장에서 잠깐 살펴본 대뇌피질(대뇌 표면의 회백질)과 전두엽을 떠올려보자. 전전두엽 피질은 대뇌피질의 일부로 전두엽의 앞부분을 덮고 있다. 즉, 이마 바로 뒤쪽에 붙어 있다고 생각하면 된다. 집중력과 이 전전두엽 피질은 매우 제한적인 자원이다. 완전히 충전된 상태에서 하루를 시작하지만 사용할수록 배터리가 소모되는 스마트폰처럼, 전전두엽 피질 역시 계속 에너지가 소모된다. 잡스는 이 사실을 깨닫고 아침마다 어떤 옷을 입을지 결정하는 데 이 에너지를 쓰지 않기로 했다. 그렇게 매일 같은 옷을 입은 덕분에 그는 자기가 더 중요하다고 생각하는 일에 전전두엽의 에너지를 더 쓸 수 있었다. 그렇다고 다들 날마다 똑같은 옷만 입으라는 건 아니다(물론 잡스처럼 이 방법을 통해 정신적인 에너지를 절약하는 사람들이 있긴 하지만 말이다).[4] 그러나 집중력이라는 귀중한 자원을 낭비하지 않기 위해 매일 반복하는 선택의 피로를 줄일 수 있다면 그렇게 하는 것이 좋다. 아침 루틴을 만들고, 전날 밤에 다음 날 할 일 목록을 미리 작성하거나, 잠자기 전에 내일 입을 옷을 골라두면 집중하는 데 쓸 에너지를 절약할 수 있다.

○ 도파민 분비

집중력을 높이고 싶은가? 그렇다면 뇌에서 도파민이 분비되도록 해보자. 도파민은 뇌세포에서 분비되는 화학물질(신경전달물질)로 다른 뇌세포, 근육세포, 샘세포에 메시지를 전달하는 일을 한다.

도파민은 우리가 놀라거나 이전에 경험해보지 못한 새로운 일에 직면했을 때 뇌에서 분비된다. 또한 기분을 좋게 해주기 때문에 우리의 뇌는 더 많은 도파민을 얻기 위해 그 행위에 더욱 집중하려고 한다. 또 도파민이 분비되면 경계심이 높아진다. 아마 마을 근처에 생긴 포식자의 발자국처럼 새롭고 예상치 못한 것에 주의를 기울이지 않았던 우리 선조들은 부상을 당하거나 중요한 걸 배울 기회를 놓쳤을 수도 있다.[5]

우리 뇌는 또 새로운 것을 만나면 도파민을 내뿜는다. 여기서 말하는 새로운 것이란 처음 가보는 거리를 산책하거나, 새로운 조리법에 따라 요리를 만들거나, 새로운 취미를 시작하거나, 처음 불러보는 노래에 도전해보는 것처럼 간단한 일일 수 있다. 그러니 주변 풍경부터 바꿔보자. 집에서 일하는 사람이라면 다른 방에서 일하거나 새로운 커피숍에 가보는 것도 좋은 방법이다. 휴가 중에 멋진 아이디어가 떠오르거나 여행을 통해 관계를 새롭게 발전시킬 수 있는 것도 이런 이유 때문이다. 도파민이 분비되면 눈앞의 문제나 상대방에게 더 집중하게 된다.

단기 기억

누군가를 만났을 때 '이 사람 이름을 꼭 기억해야지'라고 속으로 생각해본 적이 있는가? 하지만 언제 그랬냐는 듯 상대방의 이름을 들었는데도 기억에서는 흔적도 없이 사라지는 경우가 많다. 이런 평범한 기억력 쇠퇴를 경험하기 시작하면, 사람들은 쉽게 당황한다. 이런 식의 단기 기억 혼란은 해마라는 뇌 부위에서 발생한다. (인간은 각 측두엽에 하나씩, 총 두 개의 해마를 가지고 있다.)

인간의 뇌는 수십만 년에 걸쳐 진화하는 동안 깔끔하고 체계적인 상태를 유지하면서 불필요하거나 산만한 정보를 너무 많이 쌓아두지 않도록 발전해왔다. 새로운 정보는 먼저 해마로 이동한다. 이곳은 뇌가 중요한 정보와 그렇지 않은 정보를 가려내는 일종의 대기실 같은 곳이다. 중요한 정보는 장기 기억 저장을 위해 뇌의 다른 영역으로 전달하고, 중요하지 않은 정보라고 판단한 내용은 폐기한다. 만약 뇌가 이 단계에서 정보를 버리지 않으면 쓸모없는 정보가 너무 많이 쌓여서 효율적으로 작동하지 못하게 된다.

단기 기억은 어제, 혹은 일주일 전에 일어난 일을 기억하지 않는다. 단기 기억력은 불과 7~20초밖에 지속되지 않는다. 이 말인즉, 우

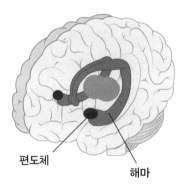

편도체   해마

리는 새로운 정보를 7~20초 정도 뇌에 저장할 수 있다는 뜻이다. 이를 알게 된 것은 뇌과학계에서 가장 유명한 환자 중 한 명인 헨리 몰레이슨Henry Molaison 덕분이다.

　1926년에 태어난 헨리는 일곱 살의 나이로 자전거 사고를 당해 뇌전증이 발병하기 전까지는 매우 평범한 아이로 자랐다. 처음에는 경미한 발작이 이어졌으나 갈수록 더 심해졌고, 나중에는 집에서 나갈 수 없을 정도로 격렬한 발작을 자주 겪게 되었다. 의사들은 그 당시 이용할 수 있는 약물과 치료법을 모두 시도해봤지만, 아무런 효과를 보지 못했다. 헨리의 유일한 희망은 수술뿐이었는데, 이 수술은 헨리가 받은 후 다시는 시행된 적이 없다. 그렇게 그가 스물일곱 살이 되던 1953년, 의사들은 그의 발작의 원인으로 여겨지는 뇌의 해마를 제거하는 수술을 했다. 수술 후 발작 횟수는 극적으로 줄었지만 치명적인 부작용이 남았다. '선행성 기억상실증'이라는 증상이 생긴 것이다. 이는 과거의 기억은 모두 남아 있지만 새로운 기억은 받아들일 수 없는 병으로, 헨리는 수술 이후 더 이상 새로운 기억을 만들어낼 수 없게 되었다. 이를 통해 과학계는 뇌의 해마가 새로운 정보를 배우고 기억하고 받아들이고 처리하는 부위라는 사실을 처음으로 알게 되었다.

펜과 종이 없이 전화번호를 기억해야 하는 상황을 상상해보자. 우리는 번호를 외우기 위해 아마 숫자를 여러 번 되뇔 것이다. 뇌의 대기실인 '해마'에서 해당 정보를 더 오래 저장할 수 있도록 많은 시간을 할애하는 것이다. 또한 정보를 반복하면서 '시연'이라는 과정을 수행한다. 기억 형성 과정에서 '시연'은 반복한 정보가 단기 기억에서 장기 기억으로 이동할 만큼 중요하다는 것을 뇌에게 알려주는 신호다.

기억을 만들 때 우리 뇌에서 일어나는 일을 잠시 살펴보자. 우리가 주의를 집중해 얻게 된 감각 정보가 기억을 만들어내기 위해선 '부호화'되어야 한다. 부호화 과정은 이 정보를 실제 물리적인 뇌세포의 연결로 바꿔내는 것을 의미한다. 우리가 무언가를 기억하거나, 새로운 것을 배울 때는 800억 개의 뇌세포 중 일부가 이 연결을 만들고, 정보를 부호화한다. 이는 정보를 저장하는 선로를 깔아두는 것과 마찬가지다. 결국 기억을 떠올리기 위해서는 뇌세포 사이에 연결된 이 선로를 다시 찾아야 하는 것이다.

다들 부호화 과정이 중단될 경우 어떤 일이 일어나는지 경험해봤을 것이다. 예를 들어, 뭔가를 찾으러 침실에 들어갔는데 대체 뭘 찾으러 왔는지 기억나지 않았던 적이 있지 않은가? 다음에 또 이런 일이 생기면 원하는 물건을 떠올린 순간부터 방에 도착할 때까지 얼마나 많은 시간이 흘렀는지 생각해보자. 아마 7~20초쯤 걸렸을 것이다. 그리고 아마 몇 초 동안 다른 뭔가에 정신이 팔려 있었을 것이다(문자메시지를 받았거나 점심으로 뭘 먹을까 고민하기 시작했을 수도 있다). 만약 뭔가를 찾으러 침실에 올라가는 동안 주의가 산만해지거나 다른 생각을 떠올린다면, 해마는 침실에서 찾으려는 물건에 대한 생각을 어떻게 처리할까? 그렇다. 가차 없이 삭제해버린다.

반대로 원래 하던 일로 돌아간 순간, 까먹었던 게 뭔지 '떠오르는' 경험을 한 적도 있을 것이다. 부엌에 있다가 뭔가를 찾으러 침실로 갔는데, 막상 가니까 여기에 왜 왔는지 기억이 나지 않는다. 그러다 부엌으로 돌아온 순간 딱 기억이 나는 것이다. '아, 맞다! 양말을 갈아 신으려고 했었지.' 과학자들도 그 이유를 정확하게 알지는 못하지만, 아마 똑같은 단계를 되짚어가면 그때와 똑같은 생각을 다시 하게 되는 현상이 뇌에서 일어나기 때문일 것이다. 심지어 말 그대로 뒤로 걸으면 단기 기억력이 향상된다는 독특한 연구도 있다.[6]

종합해보자면, 뭔가를 외우거나 배우려고 할 때 단기 기억력을 최적화하는 비결은 속도를 늦추고, 주의를 산만하게 하는 것들을 없애고, 한 번에 한 가지 일만 하는 것이다. 자기가 하는 일에 최소 7초 이상 꾸준히 집중하는 연습을 하자. 그 시간 동안 정보를 처리하거나 실제 행동으로 옮기면 우리 뇌는 기억 형성의 부호화와 저장 과정에 돌입하게 된다. 이렇듯 7초의 법칙을 이용해 단 몇 초만 집중하면 기억력이 좋아지는 것을 경험할 수 있다. 만약 책을 읽다가 더 기억하고 싶은 정보를 발견하면 그 문장을 적어도 7초 동안 더 읽어보자.

○ 7초 법칙

예전에 어떤 사람이 내게 이렇게 말했다. "내 이름을 잊어버리면 당신을 절대 용서하지 않을 겁니다. 내 이름을 기억하면 당신을 절대 잊지 않을 거고요." 그 말을 한 사람의 이름은 기억나지 않지만 말이다. 사실 그건 농담이고, 정확하게 기억한다. 폴이다. 그걸 기억하고 있는 이유는 지금부터 알려줄 뇌과학 기반의 트릭 때문이다.

만약 다음에 누군가를 만나 그 사람의 이름을 기억하고 싶다면, 그 사람 이마에 그의 이름을 쓰는 모습을 상상해보자. 왜 이런 바보 같은 트릭이 효과를 발휘하는 걸까? 이는 상대방의 이름을 '쓰는' 데 걸리는 7~10초 동안 그 사람 이름은 외울 만한 가치가 있다고 뇌를 납득시킬 수 있기 때문이다.

필터링 문제

과잉기억증후군은 개인이 매우 뛰어난 자전적 기억력을 지니고 있는 상태를 말하는데, 극히 보기 드문 경우다.[7] 보고서에 따르면 지금까지 약 60명만이 이런 증후군을 앓은 것으로 확인되었다.[8] 이들 중 한 명에게 2017년 9월 1일 같은 특정한 날짜에 무슨 일이 있었는지 물어보면, 그들은 그날 매 끼니에 뭘 먹었고 누구와 어떤 대화를 나누었는지 등 자신의 삶에 일어난 일을 정확하게 이야기할 것이다.

모든 걸 기억할 수만 있다면 시험 때마다 우수한 성적을 올리고 직장에서도 탁월한 능력을 발휘해 유명인사가 될 수 있을지도 모르겠다. 상상만으로도 쾌감이 넘치는 일 아닌가? 하지만 이 증상을 가진 사람들은 오히려 핵심에 집중하기가 어렵다고 말한다. 필터링, 즉 기억해야 하는 핵심적인 것에 집중하고, 중요하지 않은 일상적 측면은 걸러내는 능력은 기억에서 중요한 부분이다.

뇌 스캔을 통해 과잉기억증후군을 앓는 사람들은 해마가 남들보다 크고 지나치게 활동적이라는 사실이 밝혀졌다.[9] 해마가 줄어드는 건 누구나 원치 않지만, 이런 발견은 균형이 중요하다는 걸 시사한다. 이 사례는 흥미로울 뿐 아니라 이들에게 얻은 정보를 통해 기억 손실을 치료하는 방법도 알려주었다. 중요한 정보를 기억하기 위해서는 망각 능력이 중요하다.[10] 그러니 일단은 망각을 어느 정도 수용하자! 나는 고등학교 때 있었던 많은 일을 잊어버린 걸 감사하게 생각한다.

장기 기억

해마에서 나온 정보는 어디로 갈까? 이제 단기 기억을 부호화해 장기 기억으로 저장하는 과정을 알아보자.

1장에서 얘기한 것처럼 뇌를 은행 계좌라고 생각할 수도 있다. 새로운 연결을 만드는 건 장차 뇌세포의 연결이 줄어들 때(필연적이고 일반적인 일이다)를 대비해서 저축이나 예비 자금을 모아두는 것과 같다. 하지만 뇌에 있는 100조 개의 연결 중에서 자기가 떠올리려고 하는 기억이 저장된 연결을 어떻게 찾아낼 수 있을까? 이렇게 기억을 떠올리는 과정을 기억 형성의 '인출' 단계라고 한다. 여러분은 어떻게 기억을 인출하는지 생각해보자.

지금껏 살면서 만난 사람을 한 명 떠올려보자. 친구나 친척, 지인, 동료, 혹은 예전 애인이나 배우자를 떠올려도 괜찮다. 그 사람에 대한 기억을 간직하고 있는 특정한 뇌세포를 찾을 수 있을까? 해당 뇌세포를 제거하면 그 사람에 대한 기억을 완전히 지울 수 있을까? 〈이터널 선샤인〉은 그런 일이 가능하다고 본 영화지만, 사실 그건 불가능하다.

앞서도 말했지만 기억은 뇌세포 사이의 연결부에 저장된다. 그리고 어떤 사람에 대한 기억은 한 장소에만 저장되는 게 아니라 뇌 곳곳에 저장된다. 그 사람의 외모는 시각 피질에 저장되고, 목소리는 뇌의 청각 부분에, 체취는 뇌의 후각 부분에 저장된다. 그 사람에 대한 감정은 뇌에서 감정을 담당하는 부분인 편도체에 저장된다. 감각적 및 감정적 경험은 뇌의 다양한 부분에 존재하며 모든 기억은 별개의 구성 요소로 분해되어 해당 영역 전체에 저장된다. 놀랍게도 친구(또는 친척, 동료, 예전 애인)를 생각하면 이 모든 정보가 결합되어 하나의 응집력 있는 기억이 된다.

정보가 뇌 전체에 저장된다는 사실을 본인에게 유리한 방향으로 이용할 수 있다. 정보를 기억하려면 해당 정보를 되새기거나 연습해서 기억을 저장하는 뇌세포 사이의 연결을 강화해야 한다. 예를 들어, 새로운 피아노곡을 배우면 뇌에 그에 해당하는 연결이 생긴다. 그리고 배운 곡을 연습할 때마다 그 연결이 더 강해진다. 그러다가 몇 달간 연습을 하지 않으면 뇌세포 연결이 약해진다. (습관을 고치기가 어려운 이유도 이것 때문이다. 예전만큼 강하지는 않아도 뇌세포 연결이 여전히 존재하는 것이다. 이는 또한 습관을 형성하기 어려운 이유이기도 하다. 새로운 연결을 만들려면 상당한 노력을 기울여야 하기 때문이다. 뒤에서 세포들 사이의 연결을 강화해 습관을 형성하는 다른 몇 가지 방법을 살펴볼 것이다.)

차를 놓아둔 곳을 잊어버리는 바람에 주차장을 헤맨 적이 있는가? 다음에 주차한 차의 위치를 기억하고 싶을 때는 잠시 멈춰 서서 큰 소리로 현재 위치를 말해보자. 예를 들어, 여러 층으로 이루어진 주차장의 경우 "2층 B구역에 주차했군"이라고 말하는 것이다.

큰 소리로 말하는 게 기억에 도움이 되는 이유는 무엇일까? 우리 기억은 다람쥐가 겨울에 먹으려고 숨겨두는 견과류와 비슷하다. 저장된 장소가 많을수록 나중에 접근할 수 있는 장소도 늘어나므로 견과류를 찾아낼 가능성, 즉 정보를 기억할 가능성이 커진다. 말과 관련된 뇌 부위는 청각과 관련된 뇌 부위와 다르지만, 둘 다 기억 저장 기능을 가지고 있다. 크게 소리내어 말을 하면 그 기억이 말과 관련된 뇌 부위와 청각과 관련된 뇌 부위에 모두 저장된다. 이 방법을 이용해서 열쇠를 놔둔 곳이나 다른 사람의 이름, 기타 많은 것을 기억할 수 있다. 그러니 그저 큰 소리로 말하기만 하면 된다.

기억은 연습할수록 완벽해진다

기억을 오래 유지하려면 정보를 되새겨야 한다. 이렇게 되새기는 과정에서 해당 기억이 저장된 연결 부위에 전기 자극이 가해지고 연결이 더 강해진다. 정보를 자꾸 되새기지 않으면 뇌는 그 정보가 더 이상 필요 없다고 판단하므로 정보를 기억하기가 더 어려워진다. 비유하자면 이 연결이 약해질 경우 녹슨 기차선로처럼 허물어져서 그 길로 다니는 게 힘들거나 불가능해지는 것이다.

하지만 우리가 배운 걸 정말 잊어버릴까? 이유는 알 수 없지만, 완전히 새로운 걸 배우는 것보다는 잊어버린 걸 다시 배우는 게 쉽다는 증거가 있다. 아마 해당 정보가 저장된 뇌세포가 여전히 존재하기 때문일 것이다. 다만 연결이 너무 약해져서 기억이 나지 않는 것뿐이다. 재학습 과정은 이런 뇌세포 연결을 강화하는데, 이 작업이 완전히 새로운 연결을 만드는 것보다 쉬울 수 있다.[11] 우리가 방금 함께 만든 기억을 복습해서 연결을 더 강하게 만들어보자.

1단계:

완전히 집중하기

중요한 정보를 기억하기 위해 걸러내야 하는 쓸모없는 감각 정보가 많다. 이마 뒤에 있는 전전두엽 피질은 중요한 정보에 집중하는 일에 관여해야 한다. 새로운 점이 약간 있으면 뇌에서 도파민이라는 화학물질이 분비되어 집중력이 높아진다.

2단계:
정보를 부호화하기

그렇게 집중한 뒤, 우리 뇌는 해당 정보가 정말 기억할 만한 가치가 있는지 판단하기 위해 뇌의 대기실인 해마에 잠깐 저장해둔다. 뇌의 나머지 부분이 정보의 가치를 판단하는 동안 그 정보는 약 7~20초 동안 해마에서 기다린다. 7~20초간 꾸준히 정보에 집중하면 기억하고 싶은 걸 더 많이 기억할 수 있다. 이는 뇌에게 해당 정보가 중요하니 버리면 안 된다고 납득시키는 데 도움이 된다. 이 과정에서 뇌세포 사이에 새로운 연결을 만들어 정보를 저장하고 부호화한다.

3단계:
공감각적으로 기억하기

가치 있다고 판단된 정보는 해마를 떠나 부호화된 뒤 뇌 곳곳에 저장된다. 우리는 뇌세포 사이에 새롭게 형성된 연결에 그 기억을 저장한다. 뇌의 여러 부분에 정보를 저장하면 기억할 가능성도 커진다. 예를 들어, 몇 초 동안 그 정보를 큰 소리로 되뇌면 나중에 떠올리려고 몇 분씩 고군분투하지 않아도 된다.

지금까지 뇌가 어떻게 발달했는지, 다른 신체 시스템과 어떻게 상호작용하는지, 그리고 기억이 어떻게 작동하는지 배웠다. 2부에서는 더 나아가 뇌의 노화를 가속화시키는 요인들에 대해 자세히 알아보자.

Brain Keeping

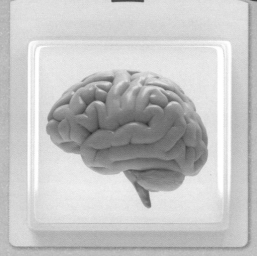

2부
브레인 키핑의 비밀

"당신의 뇌는 늙지 않는다."

06

새로운 기억이 없을 때 뇌는 늙는다

과거 우리는 알츠하이머병과 치매는 손을 써볼 수조차 없는 불치병이라고 생각했다. 하지만 지금은 이 병에 대해 더 많은 것을 알고 있으며, 이를 막을 수 있는 방법까지도 알고 있다.

지금 우리가 해변에 있다고 가정해보자. 당신을 향해 밀려오는 파도를 일종의 '기억상실'과 같은 치매 증상이라고 생각하자. 파도가 지나간 바다는 언뜻 평온해 보이지만, 사실 그렇지 않다. 파도는 언제나 수면 아래서 수백 마일을 이동하며 우리를 집어삼킬 힘을 모으고 있을 뿐이다. 이처럼 '기억상실'은 해안으로 몰려오는 파도와 같아서 우리 눈앞에 닥치기 전까지는 인식하기 어렵다.

최근 치매 환자 비율이 빠르게 증가하고 있다. 내 주변, 혹은 몇 사람만 거쳐도 사랑하는 사람들이 치매로 인해 기억을 잃어가는 모습을 흔히 볼 수 있다. 하지만 희망을 가져도 괜찮다. 우리는 충분히 대처할 수 있다. 다양한 예방법을 알아보기 전에 뇌의 노화와 기억력 저하, 그리고 치매 사이의 관계에 대해 자세히 알아보자.

치매는 아닌데 기억이 잘 나지 않는다면

치매(특히 알츠하이머병)는 아니지만 노화로 인한 기억력 저하 증상을 겪는 경우가 있다. 이를 '경도인지장애MCI'라고 한다. 60세 이상 인구의 12~18퍼센트가 이 장애를 앓고 있는데, 이는 정상적인 노화 과정은 아니다.[1] 언뜻 자신의 뇌가 그저 노화로 인해 기억력이 감퇴한 것인지, 경도인지장애 혹은 치매를 앓고 있는 것인지 쉽게 구별하기 어려울 수 있다. 하지만 그 사이에는 중요한 차이점이 존재한다. 경도인지장애는 정신장애와 기억력 장애가 눈에 띄게 나타나는 유형으로, 이 질환을 겪고 있는 사람은 대화를 하다가 사고력이 떨어지거나 익숙한 장소에서 길을 잃기도 한다. 또 여행 예약이나 청구서 지불 같은 간단한 일상 작업을 하는 데 어려움을 겪는다. 더 나아가 이들은 균형 감각과 조정 기능에도 문제를 겪을 수 있다. 하지만 문제의 심각성은 치매 환자에 비해 경미하며, 알츠하이머병(또는 다른 형태의 치매)을 앓는 사람은 일상적인 일을 수행할 때 더 많은 어려움을 겪고 판단력 장애의 징후를 보인다.

경도인지장애의 원인에는 여러 가지가 있으며 뇌의 노화도 그중 하나로 꼽힌다. 경도인지장애 환자는 종종 노폐물, 즉 엉키거나 축적된 쓰레기의 양이 더 많고 뇌로 가는 혈류가 줄어든 경우도 많다. 어떤 경우에는 경미한 뇌졸중으로 인해 혈류량 감소가 일어나기도 한다. 원인이 무엇이든 간에 이렇게 뇌로 가는 혈류량이 부족해지면, 기억을 관장하는 '해마'가 손상될 수 있다.

경도인지장애는 그 증세가 치매만큼 심각하지는 않지만, 곧 치매로 이어질 수 있어 유의해야 한다. 경도인지장애를 앓는 사람이 모두 치매에 걸리는 건 아니지만 개중 10~15퍼센트는 치매에 걸리기 때문이다. 기억력의 저하는 노화가 진행되면서 생길 수 있지만, 그렇다고 피할 수 없는 문제는 아니다. 따라서 기억력 저하 등의 문제를 마주했을 때, 근본적인 원인을 찾아 진단하고 치료받을 수 있도록 해야 한다.

당신이 잘못 알고 있는 치매의 모든 것

알츠하이머병과 치매를 동일한 질환으로 혼동하는 경우가 많다. 하지만 이 둘은 엄연히 다르다. 치매는 기억력 감퇴와 판단의 어려움, 학습 능력 등의 정신 기능이 서서히 쇠퇴하는 장애를 말한다.[2] 치매를 일으키는 원인에는 여러 가지가 있는데, 그 대표적 원인 중 하나가 바로 알츠하이머병이다. 치매가 있는 노인들의 약 60~80퍼센트가 알츠하이머병을 앓고 있으며, 이 외에도 치매의 원인은 다양하므로 이에 대해 보다 자세히 알아보자.

혈관성 치매

혈관성 치매는 뇌로 가는 혈액과 산소가 부족하여 발생하는 뇌 기능 장애다. 이 치매의 가장 흔한 원인 중 하나는 뇌졸중으로, '조용한 뇌졸중'이라 불릴 만큼 아주 경미한 수준의 뇌졸중만으로도 혈관성 치매로 이어질 수 있어 주의가 필요하다. 혈관성 치매의 징후는 뇌졸중이 발생한 뇌 부위와 연관되는 경우가 많다. 의사 결정에 어려움을 겪거나, 판단력이 저하되는 것이 가장 흔한 증상이다. 혈관성 치매는 뇌로 가는 혈류량과 연관이 깊으므로, 이를 예방하기 위해서는 3장에서 말한 바와 같이 심장을 건강하게 유지해야 한다.

혼합형 치매

혼합형 치매는 두 가지 유형의 치매가 결합된 것이다. 가장 흔히 알려진 조합은 바로 알츠하이머병과 혈관성 치매다. 치매의 원인이 다양할수록 치매의 증상 역시 심해질 수 있기 때문에 주의가 필요하다. 러시 건강노화연구소Rush Institute for Healthy Aging에서 진행한 연구에 따르면 알츠하이머 환자들의 뇌를 부검한 결과, 그중 절반에서 혈관성 치매의 흔적이 나타났다.[3] 대부분의 경우 피험자가 살아 있을 때 치매의 2차적 원인을 밝혀내기는 어렵다.

따라서 치료의 효과를 높이기 위해 치매를 유발하는 근본 원인이 무엇인지, 혹시 혼합형 치매는 아닌지 판단하는 게 중요하다.

루이소체 치매

루이소체 치매는 노폐물이 뇌의 피질에 쌓여 인지 기능, 주의력, 의사 결정에 혼란을 불러일으키는 질병이다. 알츠하이머병과 마찬가지로 서로 뭉치고 엉킨 노폐물이 치매를 유발하는 경우로 환각, 졸음, 거동 불편 등의 장애를 일으키며, 아직까지 밝혀지지 않은 부분이 많아 추가적인 연구가 절실하다.

파킨슨병 치매

파킨슨병 역시 뇌에 쓰레기가 쌓이며 발생하는 질병 중 하나다. 이렇게 노폐물들은 가장 먼저 도파민 생성을 방해한다. 도파민은 운동 조절과 주의 집중 등에 관여하는 아주 중요한 화학물질이며, 파킨슨병의 대표 증상인 '떨림'은 도파민이 부족해서 나타나는 현상 중 하나다. 발병 기간과 연령 등의 기준에 따라 파킨슨병 환자의 약 50~80퍼센트가 치매 환자로 이어진다.[4] 파킨슨병에서 장과 뇌 사이의 연관성은 최근 새롭게 연구되고 있는 분야 중 하나다. 파킨슨병 환자는 인지 장애나 떨림이 나타나기 수년 전부터 소화기 증상을 겪는다고 한다. 파킨슨병이 장에서 시작될 수 있다는 증거 역시 발견되었다.[5]

지금까지 다양한 치매의 종류에 대해 알아봤다. 아직도 알츠하이머병과 치매가 헷갈린다면 다음을 살펴보자. 당신이 콧물을 흘리고 있다고 가정해보자. 콧물은 증상이지만, 그 원인은 감기 바이러스나 알레르기, 실내 온도의 변화 등 매우 다양하다. 치매도 마찬가지다. 치매는 기억력 감퇴를 포함한 모든 증상의 총합을 말하며, 그 원인이 알츠하이머병, 혈관성 치매, 또 다른 형태의 치매 등으로 다양한 것이다. 그중 알츠하이머병이 치매의 가장 흔한 원인이므로, 앞으로 이에 대해 더 자세히 설명하려 한다.

알츠하이머병, 그것이 알고 싶다

알츠하이머병은 시간이 지날수록 병환이 악화되는 퇴행성 질환이다. 과거에는 사후 부검을 통해서만 알츠하이머병을 확진할 수 있었지만, 최근에는 담당 의사의 소견과 뇌 스캔, 그리고 특정 검사 결과를 종합적으로 판단해 진단을 내릴 수 있게 되었다. 알츠하이머병은 발병하는 데 수년이 걸리고 계속해서 악화되므로 조기에 진단해 관리하고 예방하는 게 매우 중요하다.

　　알츠하이머병의 원인은 여러 가지가 있지만, 가장 핵심적으로 꼽히는 요인은 1장에서 소개한 아밀로이드 플라크나 타우 엉킴과 같은 뇌 쓰레기다. 알츠하이머병에 걸리면 엉킨 타우 단백질과 베타 아밀로이드 플라크가 뇌세포들 사이의 의사소통을 방해한다. 그러나

이들이 기억력 저하의 원인인지, 아니면 단순히 뇌손상으로 인해 생긴 부산물인지에 대해서는 연구자들 사이의 의견이 분분하다.[6]

일례로 과학자들은 미네소타에 있는 한 수녀 공동체를 연구했다.[7] 그곳에서 만난 마리아 수녀는 101세의 노인이었는데, 나이에 비해 정신이 매우 맑았고, 십자말풀이를 비롯한 여러 퍼즐도 거뜬히 풀어냈다. 마리아 수녀는 102세의 나이로 사망했는데, 사후 부검 결과가 매우 놀라웠다. 뇌에 플라크와 엉킨 타우 단백질 등 쓰레기가 가득했던 것이다. 마리아 수녀뿐 아니라 다른 연구에서도 뇌에 상당한 양의 쓰레기가 쌓여 있음에도 기억력 저하나 정신 기능 이상이 나타나지 않은 사람들이 계속해서 발견됐다. 이는 쌓인 뇌 쓰레기들이 치매를 유발하는 주요 원인이긴 하지만, 뇌 쓰레기가 쌓였다고 해서 반드시 치매에 걸리는 것은 아니라는 뜻이다. 즉, 뇌 쓰레기가 치매 발병의 유일한 요인이나 결정적인 원인이 아닌 것이다.

알츠하이머병은 염증, 대사 기능 장애, 혈관 문제 등 다양한 요인과 얽혀 있다. 이런 문제들이 복잡하게 얽히면서 뇌세포가 노화하고 손상되어 뇌수축이 일어난다. 뇌수축이 일어나면 기억력이 크게 저하되는데, 이때 알츠하이머병과 치매 환자는 특히 해마가 손상되는 경우가 많다. 치매 환자들이 수십 년 전에 일어난 사건은 기억하면서도 새로운 정보를 기억하지 못하는 이유가 바로 여기에 있다.

또 다른 원인은 유전자다. 전체 알츠하이머병 환자 중 유전에 의해 발병하는 경우는 약 1~5퍼센트 정도다. 이는 결정적 유전자에 의해 발병하는 것으로, 유전이 되는 경우 40대 초반부터 50대 중반 사이에 조기 발병한다. 한 다큐멘터리에서는 알츠하이머병의 유전자를 물려받았지만 조기 발병하지 않고, 70대에 이르러서야 경미한 치매에 걸린 한 여성을 조사했다. 연구자들이 그녀의 DNA를 분석한 결과, 또 다른 희귀 유전자 돌연변이가 발견되었는데 이것이 그녀를 치매로부터 보호한 듯하다. 한 여성을 대상으로 진행된 하나의 연구 사례일 뿐이기에 일반화할 수는 없으나, 이 사례는 알츠하이머병의 결정적 유전자를 가진 이들에게 한 줄기 희망을 보여준다. 다양한 유전자들의 관계를 더 연구하면, 이후 결정적 유전자를 가진 이들을 위한 치료법이 개발될지도 모르는 일이다.

또 알츠하이머병 위험을 증가시키는 것으로 알려진 APOE 유전자와 그 변종인 ApoE4 유전자가 알츠하이머 발병에 어떤 영향을 미치는지 세계 각지에서 살펴본 연구도 있다. 예를 들어, 동일하게 ApoE4 유전자를 가지고 있음에도, 서아프리카 혈통 중 나이지리아에 거주하는 이들이 미국에 거주하는 이들보다 알츠하이머 발병 위험이 더 낮다는 걸 밝혀냈다.[8] 이런 연구 결과 역시 유전자가 전부가 아니라는 사실을 보여준다. 동일하게 알츠하이머병의 유전적 위험성이 있었음에도 나이지리아에 거주하는 이들이 미국에 거주하는 이들보다 더 발병 위험이 적었던 이유는 바로 생활 습관의 차이와 환경의 영향 때문이었다. 따라서 생활 습관과 환경을 조금 바꾸는 것만으로도 알츠하이머병의 위험을 낮출 수 있다.

○ 남성과 여성, 그리고 알츠하이머

남성은 여성에 비해 방향감각이 더 좋다고 하지만, 식료품점에서 사야 할 물건은 잘 기억하지 못한다. 반면 여성들은 멀티태스킹은 매우 잘하지만 평행 주차는 잘하지 못한다. 이처럼 여성과 남성 두뇌의 차이점은 전 세계적으로 수백만 권의 책이 팔릴 정도로 관심 있는 주제이자, 끝없는 논쟁거리기도 하다. 사실 이런 차이는 존재하지 않는다는 게 과학적으로 이미 증명되었지만 말이다.[9]

하지만 여성이 전체 알츠하이머 환자의 3분의 2를 차지한다는 사실은 잘 알려지지 않았다. 과거부터 여성이 남성에 비해 기대 수명이 길었기 때문에 알츠하이머병을 앓는 비율이 높은 것이라 추정했지만, 이제는 그렇게 해석하기 어렵다. 알츠하이머병의 원인이 되는 근본적인 원인이 여성의 경우 제대로 진단되고 있지 않기 때문이다. 예를 들어, 수면 무호흡증은 기억력 저하의 가장 중요한 위험 요소 중 하나다. 수면 무호흡증 치료를 받지 않은 사람은 일반인에 비해 기억력이 10년 정도 빠르게 저하된다는 연구 결과가 있다.[10] 여성의 경우 수면 무호흡 증상이 갱년기 증상과 비슷하여 제대로 진단되는 경우가 매우 드물다. 또 수면 무호흡증, 심혈관 건강, 불안, 우울증과 같이 치매의 원인이 되는 기저 질환의 증상은 남녀에 따라 다르게 나타나는데, 남성의 경우를 일반적으로 보아 여성들의 증상이 지금껏 제대로 치료되지 않은 경우가 많다.[11] 이런 기저 질환에 대한 오진과 치료 부족으로 인해 알츠하이머병을 앓는 여성이 남성보다 많은 것이다.

여성은 남성에 비해 알츠하이머병에 대한 독특한 위험 요소를 가지고 있다. 예를 들어, 완경기에 에스트로겐 수치가 줄어들면 뇌의 회백질 양이 감소해서 뇌가 수축될 수 있다. 2021년의 한 연구에 따르면, 에스트로겐 누적 노출량(평생 동안)이 증가하면 이런 수축을 예방할 수 있다고 한다.[12] 따라서 완경기에 호르몬 치료를 받는 등 적절한 조치를 취할 수 있어야 한다.

남성과 여성 할 것 없이 자신의 기저 질환을 알고, 이를 알맞은 방식으로 치료한다면 인지 테스트 점수를 비롯해 전반적인 뇌 건강을 향상시킬 수 있다.[13] 실제로 2022년 연구에서는 이런 예방 조치를 취한 여성의 경우 18개월간 뇌 건강 치료를 받은 남성들보다 인지 테스트 점수가 높게 나오는 등 뇌 건강이 더 많이 개선되었다.[14]

치매를 예방하는 가장 간단한 방법

치매는 퇴행성 질환으로 시간이 지남에 따라 점점 더 악화된다. 이는 대개의 경우 치매가 진행되는 데 상당한 시간이 걸린다는 의미다. 따라서 우리가 대처할 시간 역시 충분하다. 겉으로 드러나기 시작한 증상을 개선하거나, 심지어는 막을 수도 있다.

근본적인 원인을 알 수 없는 루이소체 치매나 파킨슨병과 달리, 알츠하이머병과 혈관성 치매의 위험을 낮추는 방법은 상당히 많다.

이 방법들은 대부분이 생활 습관을 개선하는 것인데, 파킨슨병과 루이소체 치매에도 도움이 된다는 사실이 밝혀지면서 최근에는 파킨슨병과 루이소체 치매 위험을 줄이는 방법도 활발히 연구되고 있다.

먼저, 치매 증상의 진행을 늦출 수 있는 약을 써볼 수 있다. 그러나 플라크와 엉킴을 제거하기 위해 투약한 약물들은 여러 임상 실험을 통해 실망스러운 결과를 안겨줬다.[15] 이유가 뭘까? 이는 대개 알츠하이머병이 하나의 원인으로 발병하는 질환이 아니기 때문이다. 약물의 효과가 적다니 절망적으로 느껴질 수 있겠지만, 사실 이건 희망적인 소식에 가깝다. 다중타격이론을 주장하는 종양학자의 의견을 참고해보자. '다중타격이론'이란 동시에 여러 가지가 잘못되었을 때 세포가 암이 된다는 것을 설명하는 이론으로 세포가 암이 되는 원인이 한 가지가 아님을 주장하는 이론이다. 뇌 건강에도 동일한 이론을 적용할 수 있다. 대부분의 경우 하나의 위험 요소가 뇌의 노화나 치매, 알츠하이머병을 유발하는 게 아니라, 시간이 지나면서 쌓인 다양한 원인으로 인해 병이 생긴다.[16] 그러나 '지푸라기 하나가 낙타 등을 부러뜨린다'는 말처럼 건강한 세포를 병든 세포로 만드는 촉발 요인이 있을 수도 있다. 치매와 알츠하이머병의 위험 요인(당뇨병, 심장병, 염증, 수면 부족 등)을 살펴보며 낙타의 등을 부러뜨릴 지푸라기를 최대한 많이 제거해보자. 우리가 관리할 수 있는 부분을 통제해 조금 더 건강하고 회복력 좋은 뇌를 만들 수 있다는 걸 잊지 말자.

07

단 음식을 좋아하는가? 인간이 당분을 갈망하는 이유는 단순히 맛있어서가 아니라 '당분에 대한 갈망'이 DNA에 새겨져 있기 때문이다. 사실 DNA의 일부분도 당분으로 이뤄져 있다.[1] 이처럼 기본적으로 우리 몸의 일부분은 당분이며, 이 혈당은 뇌의 주요 연료가 된다. 그래서 연료(당분)가 충분하지 않을 때, 사람들은 종종 기운 없는 모습을 보이기도 한다. 반면 연료가 너무 많으면 어떻게 될까? 당분이 혈관과 장기 조직을 파괴하고, 피부 콜라겐을 분해해 때 이른 노화로 주름살을 얻을 수 있고, 심장 근육이 손상되어 심혈관 질환을 얻게 될 수 있다.[2] 이뿐 아니라 당분을 과도하게 섭취하게 되면 당뇨병 위험 역시 증가한다.

간단히 말해서, 과도한 당분은 뇌에 독이 되고 인슐린 저항성, 당뇨병 전증, 당뇨병을 유발할 수 있는데, 이는 뇌에 문제를 일으키고 뇌의 노화를 가속화시키는 주요 원인들이다. 먼저 이들이 왜, 그리고 어떻게 뇌에 문제를 일으키는지 이해하기 위해 다음의 내용을 살펴보자.

- 2021년의 연구에서는 인슐린 저항성이 생기면, 우울증을 앓았던 경험이 없는 사람도 심각한 우울 장애를 경험할 위험이 2배로 높아진다는 사실을 발견했다.[3]
- 당뇨병을 제대로 치료하지 않으면 알츠하이머병에 걸릴 위험이 65퍼센트 높아지며, 이는 노화(나이)를 제외하고 가장 큰 위험 요인이다.[4]

인슐린 저항성, 당뇨병 전 단계, 당뇨병과 뇌 건강 사이의 관련성을 알아보기 전에, 인슐린이나 당분이라는 핵심 요소와 그 작용 원리에 대해 간단히 알아보자. 먼저 영화 〈록스베리 나이트〉에 나왔던 윌 퍼렐과 크리스 커턴을 떠올려보자. 윌과 크리스는 극중에서 빨간 벨벳 로프를 통과해 회원제 클럽에 들어가려고 온갖 방법을 총동원한다. 윌과 크리스가 맡은 역할을 당분이라고 가정하고 세포를 회원제 클럽이라고 생각하면 이해가 쉽다.

우리가 음식을 먹으면 그 안에서 얻은 당분이 혈액 속으로 들어가 몸 곳곳을 돌아다닌다. 당분은 자기를 필요로 하는 세포 안으로 들어가는 게 목표지만 당분 혼자서는 들어갈 수 없다. 물론 세포 역시 생존을 위해 당분이 필요하기에 그들이 들어와 주기를 바란다. 하지만 당분은 너무 많아서도, 또 적어서도 안 되므로 당분이 세포로 들어갈 수 있는 길은 엄격하게 규제되어 있다. 그래서 '인슐린'이라는 비밀 병기가 필요하다. 인슐린은 췌장에서 분비되는 호르몬으로 식사 후 혈액에 있는 당분을 세포가 처리하도록 지시하는 일을 한다. 말 그대로 인슐린은 당분이 멋진 클럽에 들어갈 수 있게 하는 초대장을 가진 VIP인 셈이다. 당분은 이 인슐린을 통해 드디어 세포 안으로 들어갈 수 있게 된다.

혈액에 당분이 많이 남으면 벌어지는 일

몸에 인슐린이 없거나 부족하면, 혈액에는 미처 처리되지 못한 당분이 남는다. 이렇게 남은 당분은 혈관을 파괴하고 심장과 신장, 뇌를 손상시키며 그 정도가 심해지면 시력과 팔다리를 잃게 될 수도 있다. 당분은 혈액이 아니라 근육과 장기 등 세포 안에 있어야 하며, 혈액에 남아 있는 많은 양의 당분은 그저 독이 될 뿐이다. 그렇다면 혈액에 당분이 많이 남아 있을 때, 우리의 몸에 구체적으로 어떤 일이 벌어지는지 알아보자.

인슐린 저항성

인슐린 저항성은 췌장이 인슐린을 혈액

으로 분비할 수 있음에도, 체내 세포가 인슐린의 말을 더 이상 듣지 않거나 반응하지 않을 때 발생하는 현상이다. 말 그대로 인슐린이 당분과 함께 세포의 문을 두드려도 당분이 세포 안으로 들어갈 수 없게 되는 것이다. 따라서 당분은 결국 혈액에 쌓이게 된다.

인슐린 저항성은 신체 활동 부족, 과도한 당분 섭취, 과도한 스트레스와 수면 부족 등 다양한 원인으로 발생하며 미국인 세 명 중 한 명이 인슐린 저항성을 가지고 있는 것으로 나타났다.[5] 하지만 인슐린 저항성은 겉으로 보이는 증상이 없기 때문에 본인이 이 현상을 겪는단 사실조차 모르는 경우가 대부분이다.

당뇨병 전 단계

당뇨병 전 단계는 당뇨병에 걸리기 전에 나타나는 인슐린 저항성이다. 이는 췌장이 인슐린 기능이 상실되는 것에 대처하기 위해 두 배로 일할 때 발생한다. 당뇨병 전 단계에서 가장 중요한 사실은, 노력하면 증상을 완전히 원상태로 되돌릴 수 있지만 방치할 경우 큰 위험에 처한다는 것이다.[6] 하지만 당뇨병 전 단계 역시 90퍼센트는 아무 증상이 없기 때문에 본인 스스로도 이런 병을 앓고 있다는 사실을 모른다. 이때 발현되는 증상이라고는 피로감, 호흡할 때 입에서 미세한 아세톤 냄새가 느껴지는 정도의 아주 미묘한 증상들뿐이다.[7] 따라서 꾸준한 혈액검사를 통해 혈당 수치를 계속 추적하는 것이 중요하다.

2021년의 한 연구에서는 당뇨병을 앓는 사람이 앓지 않는 사람에 비해 향후 4년 동안 인지력 저하를 겪을 가능성이 42퍼센트 높은 것으로 나타났다. 게다가 당뇨병 전 단계에 있는 사람은 향후 8년 안에 혈관성 치매에 걸릴 확률이 54퍼센트나 높았다.[8] 이들은 당뇨병으로 진행되기도 전에 심장병과 심부전으로 고생할 위험 역시 높았다.[9]

당뇨병

당뇨병은 인슐린을 생성하거나, 이에 반응하는 신체 능력이 제대로 작동하지 않을 때 발생한다. 앞서 말한 VIP 클럽으로 돌아가서 이번에는 인슐린이 좋은 인맥을 가진 멋진 친구라고 생각해보자. 하지만 성격이 괴팍한 이 친구는 클럽 앞에서 만나기로 약속해놓고 나타나지 않았다. 그렇게 당분은 세포(클럽)에 들어가지 못한 채 혈액에 덩그러니 남겨졌다. 당뇨병에는 크게 두 가지 유형이 있는데, 이를 제1형 당뇨병과 제2형 당뇨병으로 구분하여 부른다. 제1형 당뇨병은 신체가 인슐린을 만드는 췌장 세포를 공격해 파괴하는 일종의 자가면역질환으로, 치료는 가능하지만 평생 관리가 필요하다.

전체 당뇨병의 90~95퍼센트는 제2형 당뇨병이다. 이 상태에서는 신체가 인슐린을 제대로 사용하지 못한다. 인슐린이 분비되었을 때 신체가 제대로 반응하지 않고, 이를 감지한 췌장은 당분을 세포 안으로 들여보내기 위해 더 많은 인슐린을 분비한다. 이렇게 많은 양의 인슐린을 분비하면 단기적으로는 효과가 있지만, 결국 세포들이 다시 인슐린에 반응하지 않게 된다. 그리하여 당분이 혈액 속에 많이 남게 되고, 혈당 수치가 만성적으로 높게 유지되면 제2형 당뇨병으로 이어진다. 인슐린 저항성이 높아져 뇌가 당분을 연료로 사용할 수 없게 되면 신경 장애 및 기분 장애, 기억력과 집중력을 포함한 다른 인지 능력에 문제가 생길 수 있다. 미국인의 절반이 제2형 당뇨병 혹은 당뇨병 전 단계라는 사실은 매우 충격적이다.[10]

인슐린 저항성과 제2형 당뇨병은 식단과 생활 습관을 바꾸고, 경우에 따라 약물을 복용해 치료할 수 있다(간혹 원상태로 되돌리는 것도 가능하다). 하지만 안타깝게도 현대사회는 당뇨병에 걸리기 매우 쉬운 환경이다. 싸고 쉽게 구할 수 있는 식품들은 과도한 설탕 혹은 액상과당으로 채워진 경우가 많으며, 편리한 드라이브스루와 배달 서비스 덕분에 몸을 움직이지 않아도 24시간 내내 언제든 음식을 먹을 수 있기 때문이다. 또한 현대인들은 대부분의 시간을 앉아서 보내는데 이런 생활 방식은 신체 건강뿐 아니라 뇌 건강에도 좋지 않다. 주로 앉아서 지내다 보면 숙면을 취하기 어렵고, 뇌로 가는 혈류가 감소하며, 염증 수치가 증가해 인슐린 생산이 줄어들 수밖에 없다. 현대사회가 당뇨병 걸리기 좋은 사회임에는 틀림없지만, 그렇다고 해서 꼭 걸리라는 법은 없다. 따라서 늦기 전에 잘 관리해 예방하는 것이 중요하다.

제1형과 제2형 당뇨병 모두 제대로 치료하지 않으면 심장병 및 신장 질환, 사지 감각 상실, 뇌 노화 등 여러 문제가 발생할 수 있다. 《무브먼트 디스오더Movement Disorders》에 발표된 한 연구는 제2형 당뇨병이 파킨슨병 발병 위험을 높이고, 더 빠르게 진행시킨다는 사실을 밝혀냈다.[11] 당뇨병과 신경계 질환의 연관성은 매우 크기 때문에 제2형 당뇨병에 대한 치료 및 예방 전략이 알츠하이머병과 파킨슨병 치료에 사용되기도 한다.[12] 실제로 알츠하이머병과 당뇨병은 아주 깊은 연관성이 있어 몇몇 뇌 연구자들은 알츠하이머병을 제3형 당뇨병이라고 부르기도 한다.[13]

당뇨병과 알츠하이머병의 연결고리

알츠하이머병의 경우, 인슐린 저항성이 뇌에서도 발생한다. 뇌세포가 더 이상 당분을 연료로 사용할 수 없게 되어 뇌와 기억에 장애가 생기는 것이다. 이는 세포에서 당분이 떨어져 일하지 못하는 '당뇨병'의 상황과 매우 비슷하다. 이렇듯 당뇨병과 알츠하이머병 사이에 공통된 메커니즘이 존재하기 때문에 알츠하이머병을 제3형 당뇨병이라 부르는 것이다.

물론 알츠하이머병은 여러 가지 요인이 중첩되어 발병한다. 그 요인들에는 뇌의 대사장애도 포함된다. 뇌 대사는 뇌가 당을 연료로 사용하는 능력을 말하는데 우리가 생각하고 집중하며, 기억하고 결정을 내리는 등 뇌세포가 활동할 때 당분을 사용한다. 하지만 인슐린 저항성으로 인해 뇌가 더 이상 당분을 사용하지 못한다면 어떻게 될까? 뇌의 대사는 더 이상 일어나지 않고 뇌세포의 활동도 점차 둔화된다.

우리 몸은 재활용 능력이 매우 뛰어나서 날마다 신체 일부를 재활용하고 재구축한다. 끊임없이 분해되고 재조립되는 복잡한 단백질 키트라고 생각하면 이해가 쉬울 것이다. 가위의 역할을 하는 효소는 몸속의 단백질을 잘게 잘라서 몸을 재구축하는 데 사용하는데, 이때 잘려나가는 단백질 중 하나가 바로 인슐린이다. 이 인슐린을 잘라내는(분해하는) 효소인 '인슐린 억제 효소'는 인슐린과 뇌의 아밀로이드 플라크를 모두 잘게 자르는 역할을 하는 것으로 밝혀졌다.

인슐린 저항성이 생기면 우리의 몸은 인슐린을 과잉생산한다. 이를 보상성 고인슐린 반응이라고 부르며 인슐린 분해 효소는 이때 과잉생산된 인슐린을 처리하기 위해 바쁘게 움직인다. 이 효소는 인슐린을 자르는 데 너무 바쁜 나머지 아밀로이드 플라크를 처리하지 못하고 이는 결국 뇌 쓰레기로 남겨지게 된다. 그렇게 당뇨병은 알츠하이머병의 원인이 되기도 한다.

이 효소는 알츠하이머병과 당뇨병 사이를 연결하는 하나의 고리일 뿐이며, 과도한 혈당은 그 자체로 독성이 있어서 뇌세포를 손상시킨다는 점도 알아두길 바란다. 그렇다면 당뇨병은 왜 걸리는 것일까? 그 원인을 짚고 넘어가보자.

당신이 당뇨병에 걸리는 이유

유전자

당뇨병은 유전적, 환경적 요인으로 발병하는 복합적인 질환이다. 제2형의 당뇨병의 유전 가능성은 부모 중 한 명 혹은 둘 다 당뇨병을 앓고 있는지 여부 등 여러 요인에 따라 20~80퍼센트에 이른다. 제1형 당뇨병의 유전 가능성도 다양한 변수가 있기 때문에 판단하기 복잡하다.

예를 들어, 제1형 당뇨병이 있는 여성이 25세 이전에 아이를 낳으면 아이에게 당뇨병이 유전될 확률이 25분의 1이다. 하지만 25세 이후에 아이를 낳으면 유전될 위험이 100분의 1로 줄어든다. 제1형 당뇨병을 앓는 남자가 이 병을 자식에게 물려줄 확률은 17분의 1 정도다.[14] 이를 통해 알 수 있는 것은 유전자만으로는 당뇨병이 발병하지 않으며, 생활 습관도 크게 영향을 미친다는 점이다. [15]

먹는 음식과 먹는 시간

식습관은 인슐린 저항성과 당뇨병 발병에 매우 중요한 역할을 한다. 당분을 많이 섭취하면 당뇨병에 걸린다는 말을 들어봤을 것이다. 우리 몸이 제대로 기능하기 위해서는 당분이 필요하지만, 과도한 당분은 체내에서 지방으로 변해 축적된다. 일주일 동안 권장량보다 500그램 정도 당분을 더 섭취하면, 일주일 만에 체중이 약 450그램 증가할 수 있다.[16] 지방세포는 염증 인자를 방출하기 때문에 과도한 지방은 당뇨병과 염증을 일으키는 위험 요소다. 2020년의 한 연구는 비만이 제2형 당뇨병의 발병 위험을 여섯 배나 높인다는 걸 알아냈다.[17] 이는 당뇨병에 유전보다 생활 습관이 더 중요하다는 사실을 보여준다.

그렇다면 단것은 모두 몸에 안 좋을까? 과일이나 무가당 유제품 속에 함유된 천연 당분은 크게 위험하지 않다. 우리 몸의 진짜 적은 첨가당, 즉 가공식품에 첨가된 당분이다.[18] 따라서 가공식품의 당분을 줄이고, 천연 당분의 섭취를 늘리는 방식으로 식습관을 조절해야 한다.

흥미로운 사실은 먹는 음식뿐만 아니라 먹는 시간도 당뇨병 발병 위험에 영향을 미친다는 점이다. 2021년에 내분비학회 연례 총회에서 발표된 연구 내용에 따르면, 오전 8시 30분이 되기 전에 식사를 시작한 사람은 그날의 첫 식사를 늦게 한 사람보다 인슐린 저항성과 혈당 수치가 낮다고 한다.[19] 2021년에 《내분비학 리뷰Endocrine Reviews》에 실린 분석에서도 하루 중 음식을 섭취할 수 있는 시간을 12시간 미만으로 제한했을 때, 대사 건강이 좋아졌음을 밝혀내기도 했다.[20]

그럼에도 간헐적 단식의 효과는 명확하지 않다. 간헐적 단식은 하루 내내 자발적 단식과 식사를 주기적으로 반복하는 것을 말한다. 예를 들어, 어떤 간헐적 단식 방법은 하루 중 여덟 시간 동안 모든 식사를 마치고 나머지 16시간 동안은 먹지 않는다. 간헐적 단식이 당뇨병의 위험을 관리하고 낮추는 데 도움이 된다는 몇몇 연구 결과도 있지만,[21] 유럽 내분비학회에서 발표된 다른 연구는 격일로 단식할 경우 인슐린 조절에 문제가 생겨 오히려 당뇨병 위험이 높아질 수 있다고 밝혔다.[22] 칼로리 섭취와 식사 일정을 급격하게 바꾸는 건 위험할 수 있기 때문에 어떤 형태로든 단식을 할 때는 의사와 상의하에 진행하는 것이 좋다.[23]

가장 안 좋은 식습관은 잠들기 직전이나 한밤중에 첨가당이 든 음식을 먹는 것이다. 우리 뇌 속의 시계, 즉 시교차 상핵은 음식을 에너지로 전환하는 역할을 한다. 음식물은 우리가 깨어 있는 시간에 더 효과적으로 대사된다. 따라서 신진대사가 원활하지 않은 시간에 음식을 먹으면 혈액 속에 당분이 남아 인슐린 저항성과 뇌 노화 위험이 높아진다.

오염과 독소

주변 환경에 존재하는 오염 물질과 독소는 잘 알려지진 않았지만 당뇨병 위험 요소 중 하나다. 한 연구에 따르면 대기 오염은 전 세계에서 발생한 신규 당뇨병 사례의 14퍼센트인 320만 건의 원인이 된다고 한다.[24] 사회·경제적 지위가 낮은 소외된 공동체는 오염이 심한 지역 근처에 사는 경우가 많고,[25] 또 사회·경제적 지위가 낮은 중년들이 제2형 당뇨병에 걸릴 확률 역시 증가한다.[26] 이렇듯 환경오염은 당뇨병 발병의 한 요인이 될 수 있다.[27]

수면장애

수면은 당뇨병에 걸릴 위험을 낮추는 데

매우 중요하다. 뇌 시계가 정상 궤도를 벗어나면 인슐린 분비에 부정적인 영향을 미칠 수 있다. 시카고 대학 병원에서 진행된 한 연구는 불면증이 당뇨병 환자의 높은 인슐린 저항성과 관련이 있다는 사실을 밝혀냈다.[28]

당뇨병, 좋아질 수 있을까?

당뇨병이나 당뇨병 전 단계를 진단받았다고 해서 절망할 필요는 없다. 이 병은 충분히 관리할 수 있으며, 의료적 치료와 생활 습관 개선을 통해 원래의 상태로 돌아올 수 있다. 보다 심각한 당뇨병을 앓는 이들에게도 희망은 있다. 당뇨병을 앓는 심각한 과체중의 사람들에게는 '위 우회술'과 같은 수술이 하나의 옵션이 될 수 있기 때문이다. 위 우회술을 받은 고도 비만이자 중증 당뇨병 환자의 약 37.5퍼센트가 수술 후 10년 동안 당뇨병이 재발하지 않은 것으로 조사됐다. 물론 이 경우에도, 수술과 약물 치료보다 생활 습관 변화가 더 효과적이었다.[29]

반면 정도가 약한 당뇨병이나, 당뇨병 전 단계의 경우에는 약물 치료가 더 효과적일 수 있다. 예를 들어, 메트포르민이라는 약은 혈액으로 방출되는 당분의 양을 제한하고 근육세포가 인슐린의 노크 소리를 보다 더 잘 들을 수 있도록 도와주는 역할을 한다. 한 연구에 따르면 당뇨병 전 단계에 있는 사람들이 메트포르민을 복용했을 때 당뇨병 발병 위험이 30퍼센트 낮아지는 것으로 나타났다. 이 사실이 뇌 건강의 측면에서 더욱 중요한 이유는, 제2형 당뇨병 때문에 메트포르민을 복용한 고령 환자는 메트포르민을 복용하지 않은 비당뇨인과 비교했을 때 인지 기능이 저하되는 비율이 비슷하다는 것이다. [30]

메트포르민을 복용했을 때 당뇨병 발병 위험이 30퍼센트 낮아졌다. 이 사실은 뇌 건강의 측면에서도 아주 중요하다. 제2형 당뇨병 때문에 메트포르민을 복용한 고령 환자라고 해도 메트포르민을 복용하지 않은 비당뇨인에 비해 인지 기능이 크게 저하되지 않았기 때문이다.[31]

또 다른 연구는 메트포르민과 지중해식 식단 둘 다 당뇨병 환자의 뇌 건강을 보호하는 데 좋은 방법이지만, 지중해식 식단을 고수하는 게 메트포르민을 사용하는 것보다 뇌 보호 효과가 클 수 있다고 밝혔다.[32] 《신경학 연보Annals of Neurology》에 소개된 한 연구에서는 당뇨병 치료제인 피오글리타존으로 치료를 하면 일부 치매 위험이 크게 감소해, 때로는 당뇨병 환자가 비당뇨인보다 치매에 덜 걸릴 정도로 그 위험이 감소한다는 사실을 발견했다. 특히 당뇨병 환자의 치매 발병 위험은 비당뇨인보다 약 47퍼센트 낮았다.[33]

약물 치료 여부와 관계없이 생활 습관을 개선하는 것만으로도 우리는 뇌를 충분히 보호할 수 있다. 아래의 네 가지 생활 지침을 기억하자. 이 지침만 습관으로 만들 수 있다면 당신의 삶은 크게 바뀔 것이다.

- 첨가당 섭취를 최소화하자.
- 매 식사 후 15분 동안 움직이자.
- 아침 식사는 오전 8시 30분 전에 먹자.
- 한밤중에 음식을 먹지 말자.

3부에서는 여기서 더 나아가 우리가 실천할 수 있는 방법에 대해 더 자세히 알아볼 예정이다. 자신감을 가져라. 인슐린 저항성을 효과적으로 관리하고 당뇨병을 치료하면 뇌를 보호할 수 있을 뿐 아니라 알츠하이머병과 치매, 우울증과 같은 기분 장애를 비롯한 다양한 질환이 발병할 위험을 상당히 낮출 수 있다.

08

염증은
뇌를 빠르게 파괴한다

앞서 우리는 쓰레기로 가득 찬 뇌가 빨리 늙는다는 사실을 알았다. 그렇다면 뇌에 쌓이는 쓰레기를 어떻게 치울 수 있을까? 그 방법에는 세 가지가 있다. 하나는 새로운 것을 배우는 것이고, 둘째는 잠을 자는 것이며, 셋째는 소교세포('청소부' 역할을 하는 면역세포)가 잘 작용하도록 하는 것이다. 하지만 때때로 이 소교세포는 혼동을 일으켜 쓰레기, 플라크, 엉킴, 독소가 아닌 건강한 뇌세포를 집어삼켜 이를 더 쓸모없는 뇌 쓰레기로 바꿔버리기도 한다.

그렇다면 소교세포는 왜 혼동을 일으키는 걸까? 바로 만성 염증에 의해 생성된 화학물질 때문이다. 면역체계가 실수로 우리 몸의 건강한 부분을 공격하면 곧바로 염증이 일어나고, 이때부터 악순환이 시작된다. 우리는 앞서 살펴본 것처럼 알츠하이머병, 불안증, 우울증과 같은 뇌 질환이 면역체계가 뇌를 잘못 공격해서 발생하기도 한다는 사실을 알고 있다. 이처럼 면역체계가 건강한 세포를 공격하면 문제가 생길 수 있다.

물론 여러분이 뭔가에 긁혀 상처가 나거나 감기에 걸릴 때마다 뇌 건강을 걱정하거나, 치유 과정에서 발생하는 염증으로 인해 면역체계가 혼란에 빠지진 않을까 걱정할 필요는 없다. 그래서 먼저 이 '염증'에 대해 더 자세히 알아보고자 한다.

급성 염증과 만성 염증

급성 염증은 감염이나 부상으로 발생할 수 있는 갑작스러운 염증이다. 기본적으로 급성이란 말은 지금은 염증이 있지만 치유되면서 곧 사라진다는 뜻이다. 우리는 치료 가능한 상처나 타박상, 감염으로 인한 염증에 대해서는 걱정하지 않는다. 이런 염증은 치유되면 자연히 사라지고, 우리 몸 역시 이를 어떻게 처리해야 하는지 잘 알고 있기 때문에 급성 염증의 경우 크게 걱정할 필요가 없다(급성 뇌손상의 경우 뒤에서 더 자세히 설명할 것이다). 가장 우려스러운 건 지속적인 만성 염증이다.

막스플랑크노화연구소Max Planck Institute for Biology of Ageing에서 진행한 연구 결과에 따르면 만성 염증이 증가할 경우 노화가 가속화된다고 한다.[1] 염증은 신체의 여러 부위를 공격하고 손상시키는 일종의 '화재'와도 같다. 또한 인슐린 분비 세포를 손상시켜 제2형 당뇨병을 일으킬 수 있다. 또 심장을 손상시켜 심혈관 질환을 유발하기도 하며, DNA를 손상시켜 암 발생 위험이 높이기도 한다. 나이가 들수록 이런 질환들의 발병 위험은 증가하고, 이 질환들 자체가 노화를 가속화한다. 그리고 만성 염증은 이 과정을 아주 빠르게 밀어붙이는 역할을 한다. 이뿐 아니라 만성 염증은 해마를 수축시켜 기억과 학습을 방해한다는 연구 결과도 있다.[2]

○ 치아 건강이 곧 뇌 건강이다

베르겐 대학에서 진행한 한 연구에서는 치은염이 있으면 알츠하이머병에 걸릴 위험이 높아진다는 놀라운 결과를 발표했다.[3] 잇몸 염증이 뇌의 소교세포를 혼란에 빠뜨리는 인자를 혈류로 방출할 수 있기 때문이다. 따라서 소교세포가 건강한 신경세포는 놔두고, 뇌 쓰레기를 먹어치우는 데만 집중하게 하려면 이를 잘 닦고, 치실을 잘 사용하며 정기적으로 치아 검진을 받아야 한다.

노화 속도는 각 세포의 핵에 촘촘히 감겨 있는 염색체 말단의 DNA와 깊은 관련이 있다. DNA는 머리부터 발끝까지 우리 몸을 구성하는 소중한 설계도로, 우리 몸속의 단백질을 합성하는 데 사용되는 암호 또는 청사진의 정보를 가지고 있다. 염색체는 이 DNA들로 구성되며, 유전자 기능에 영향을 미치는 기타 화학 성분 역시 포함하고 있다. 이 염색체를 신발끈이라고 생각해보자. 신발끈 끝에 달려서 끈이 풀리는 걸 막아주는 작은 플라스틱 조각을 애글릿aglet이라 부르는데 염색체 말단에는 이 애글릿과 매우 비슷한 모양의 텔로미어가 있다.[4] 애글릿이 신발끈이 풀리거나 닳는 것을 막기 위한 장치인 것처럼, 이 텔로미어 역시 염색체가 손상되지 않도록 보호한다. 하지만 나이가 들면 이 텔로미어의 길이가 점점 짧아진다. 실제 우리의 생물학적 나이는 이 염색체 끝에 텔로미어가 얼마큼 남아 있는지와 연관이 깊다.[5] 이런 보호 캡이 사라지면 소중한 DNA 청사진이 손상되어 신체가 적절한 면역세포와 뇌세포, 심장세포 등을 만들지 못하게 된다. 생활 습관이 이 텔로미어 길이에 영향을 미치므로, 같은 나이라고 해도 그 길이는 모두 다를 수 있다. 따라서 생물학적 나이와 실제 나이도 충분히 다를 수 있다.

염증은 마치 애글릿에 불을 지른 것처럼 텔로미어가 짧아지게 한다.[6] 염증은 텔로미어를 손상시키고, 손상된 텔로미어는 염증을 증가시켜 노화가 빨라지는 악순환으로 이어질 수 있다. 정도가 심하지 않은 만성 염증 역시 안심할 수 없다. 집에서 작은 화재가 발생했다고 해보자. 이를 빨리 *끄지* 않으면 건물 전체가 전소되는 건 아니더라도 가스 배관, 전기 회선 등에 불이 옮겨붙어 막대한 피해가 생길 수 있다. 또한 불이 퍼지는 것처럼, 다른 곳에서 발생한 염증 역시 뇌로 번질 수 있다.

특정 자가면역질환을 제대로 치료하지 않을 경우, 이로 인한 염증 반응이 알츠하이머병과 치매의 위험을 현저하게 높인다.[7] 기저 질환이 없더라도 노화와 염증은 매우 밀접한 연관이 있어 나이가 들면서 생기는 만성 염증을 가리키는 인플라메이징inflamm-aging이라는 용어까지 있을 정도다. 염증이 우울증, 피로, 기분, 불안 장애, 그리고 뇌를 노화시키는 모든 것에 영향을 미친다는 강력한 증거도 있는데 이는 다음 장에서 더 자세히 살펴보자.[8] 그 전에 DNA를 보호하고 우리 뇌와 몸을 젊게 유지하기 위해 만성 염증이라는 불을 끄는 방법부터 알아보자.

신속한 면역체계 회복제

면역체계는 위험한 병원체를 공격해서 죽이는 킬러세포와 그 킬러세포를 진정시키는 평화유지 세포로 구성된 복잡한 군대다. 이 두 가지 유형의 면역세포 사이에는 미묘한 균형이 존재하며, 이 균형을 유지하는 게 매우 중요하다. 그러나 나이가 들면서 킬러세포는 많아지고 평화유지 세포는 줄어들어 그 균형이 깨질 수 있다. 이런 불균형 때문에 노인은 젊은이나 어린이보다 치유되는 속도가 느리다. 평화유지 세포가 제 역할을 하지 않고, 킬러세포를 따라잡을 만큼 수가 충분하지도 않아 킬러세포의 공격이 계속 이어지는 것이다. 자가면역질환과 만성 염증의 원인은 복잡하지만, 기본적으로 킬러세포가 자기 몸을 공격해서 생기는 질환의 일종이다. 비만, 심장질환, 당뇨병은 면역 기능 장애 때문에 발생하거나 그것이 부분적인 원인인 경우가 많다. 이런 증상과 질병은 면역체계의 효율성을 떨어뜨리고 염증을 일으켜서 또 다른 악순환을 초래할 수 있다.

마음과 기분, 그리고 면역력

중요한 스포츠 시합이 열리기 전, 선수들이 모여 있는 로커룸은 어떤 분위기일까? 코치들과 선수들이 서로 격려를 주고받으며 의욕을 끌어올리고 있을 것이다. 심지어 몇몇 선수는 화가 난 것처럼 보일지도 모른다. 분노는 올바르게만 사용하면 의욕을 높이는 데 매우 효과적이며, 폭력성을 띠지만 않는다면 개선을 위한 긍정적인 힘이 될 수 있다. 《공격적 행동Aggressive Behavior》이라는 저널에 발표된 한 연구는 중요한 경기 전에 자신감을 얻기 위해 분노를 활용한 럭비 선수들을 조사했다.[9] 경기 전에 분노에 찬 선수들의 혈액을 검사한 연구진은 혈액에 킬러세포를 활성화하는 전염증성 사이토카인이 급증한 사실을 발견했다. 사이토카인은 면역체계를 지키는 경비원으로, 이것이 급증하면 위험한 바이러스나 박테리아를 죽이는 등 건강상의 이점이 있다. 분노와 사이토카인 수치 사이의 연관성을 통해 기분과 면역체계가 서로 관련이 있음을 알 수 있다.[10]

　부정적인 기분과 긍정적인 기분은 면역체계에 영향을 미칠 수 있고 그 반대도 마찬가지다. 예를 들어, 특정 유형의 전염증성 사이토카인 수치가 증가하면 기분 장애와 우울증 위험이 증가할 수 있다.[11] 반대로 긍정적인 기분은 대체로 균형이 잘 잡힌 면역체계와 연관이 있으며, 럭비 선수와 함께한 연구가 보여준 것처럼 때로 부정적인 기분(분노)도 건강에 좋을 수 있다.

이렇게 마음과 기분, 면역력이 연결되어 있는 건 모두 우리 선조들 덕분이다. 잠시 선사시대의 선조들과 함께 있다고 상상해보자. 먹이를 사냥하러 나갔다가 배고픈 곰이 우리를 향해 다가오고 있는 걸 목격했다. 무서운 곰과 싸우는 건 매우 두려운 일이다. 만약 이긴다 하더라도 부상을 피할 수 없기 때문이다. 이런 상황에서 우리의 몸은 그 부상에 대처할 준비를 한다. 엄청난 스트레스 상황에 처했을 때 몸은 심박수와 혈압을 올리는 코르티솔이 분비되어 싸우거나 도망갈 수 있도록 반응하기 시작한다. 또한 스트레스는 전염증성 사이토카인의 분비를 유발하기 때문에 싸움 중에 입은 부상으로 인한 위험한 감염에 미리 대비한다. 이렇게 특정 기분은 면역반응을 촉발시키고, 이 반응은 과거 생존하는 데 매우 주요한 작용을 했다. 이후 위협이 사라지면 전전두엽 피질이 진정 호르몬을 분비해 코르티솔의 영향이 줄고 우리의 몸은 원상태로 돌아온다.

지금도 우리의 몸은 위협에 반응할 때 코르티솔과 사이토카인을 분비한다. 문제는 현대인들은 호랑이나 창을 휘두르는 적에게 위협을 받는 대신, 매일같이 스트레스를 받는다는 사실이다. 저널《뇌, 행동, 면역Brain, Behavior, and Immunity》에 발표된 연구에서는 피험자들에게 과거 그들을 화나게 하거나 스트레스를 줬던 일을 기억해보라고 하자 킬러세포인 T세포의 활동이 급증하는 것을 발견했다.[12] 소량씩 가끔 분비되는 코르티솔은 우리에게 도움이 되기도 하지만, 그 양이 너무 많거나 혹은 자주 분비될 경우 염증성 면역세포가 증가하고 항염증세포는 감소해서 만성 염증이 생기는 듯 부작용이 심하다. 이렇게 되면 면역세포는 오히려 질병과 싸우는 능력은 줄고, 해마와 장기가 손상되어 기억력 저하 및 불안, 기분 변화, 우울증, 치매 위험이 증가한다. 낮은 수준의 스트레스라도 지속적으로 이어지면 코르티솔과 킬러세포가 혈류로 지속적으로 방출되어 만성 염증 반응을 일으키고 면역체계의 균형이 무너질 수 있다. 따라서 스트레스 관리는 뇌 건강에 필수적이다.

○ 애견가를 위한 희소식

《응급의학회Academic Emergency Medicine》 저널에 발표된 한 연구에서는 응급실에서 일하는 의사와 간호사의 높은 스트레스 수준을 낮추기 위해 사용할 수 있는 방법에 대해 연구했다.[13] 연구진은 의사와 간호사에게 5분 동안 치료견과 함께 놀거나 몸을 쓰다듬어주라고 지시했다. 그리고 5분 뒤, 연구진은 피험자들의 혈액과 타액을 검사해서 전염증성 및 항염증성 사이토카인과 스트레스 호르몬인 코르티솔의 수치를 확인했다. 그 결과는 놀라웠는데, 몸이 보다 균형 잡힌 상태로 돌아와 염증 수치는 낮아지고 전반적으로 면역 기능이 향상되어 있었다.

2022년 한 연구에서는 개뿐만 아니라 모든 종류의 반려동물이 기억력 향상에 도움이 된다는 걸 알아냈다.[14] 연구 저자들은 이런 기억력 향상이 반려동물의 항스트레스와 항염증 효과 덕분이라고 밝혔다. 반려동물을 키우는 사람은 그들의 곁에 있을 때 마음이 진정되는데, 이 연구를 통해 우리가 털로 뒤덮인(혹은 깃털 달린) 친구들 곁에서 느끼는 행복이 실제로 생리학적인 근거가 있는 감정이라는 게 밝혀졌다. 반려동물을 키우지 않는 사람의 경우, 사회적 지지를 받는 것도 면역체계 균형을 유지하는 데 도움이 된다는 사실 또한 입증되었다.[15]

뇌손상과 염증

뇌 건강에 있어 만성 염증이 급성 염증보다 위험하다고 말한 바 있다. 하지만 급성 염증 중에서도 몇 가지 주의해야 하는 경우가 있다. 바로 심각한 뇌손상으로 인해 급성 염증이 발생하는 경우다.

미국의 경우만 봐도 40세 이상 성인 가운데 의식을 잃으면서 머리를 다친 사람이 2300만 명이 넘는다.[16] 의식을 잃을 정도의 외상이 아니더라도 머리 부상은 지속적인 손상 가능성이 있어 늘 주의가 필요하다. 뇌진탕 같은 두부 손상과 치매 사이의 연관성이 여러 연구를 통해 밝혀지기도 했다.[17] 2021년에 펜실베이니아 대학에서 실시한 연구에서는 한 번이라도 머리를 다친 적이 있는 사람이 다친 적이 없는 사람에 비해 치매 위험이 1.25배 증가한다는 결과를 발표했다. 또 치매 사례 10건 중 1건은 과거에 한 차례 이상 겪은 두부 외상이나 부상 때문이라는 걸 알아냈다.[18] 이와 같은 연구를 통해 우리가 머리를 다칠 때마다 치매에 걸릴 위험이 높아진다는 사실을 알 수 있다.[19]

뇌진탕을 비롯한 뇌손상은 왜 치매의 위험을 높이는 걸까? 여기엔 크게 두 가지 이유가 있다. 먼저, 뇌가 외상을 입어 손상받으면, 뇌가 부풀어오르면서 뇌가 독소를 제거하는 '세척 과정'을 방해한다.[20] 또 뇌손상 후 발생하는 염증 때문에 소교세포가 노폐물을 청소하지 않고 오히려 건강한 뇌세포를 공격할 수도 있다. 따라서 뇌에 외상을 입었을 경우에는 올바른 생활 습관을 통해 뇌가 독소를 제거할 수 있도록 해야 하며, 염증을 억제할 수 있도록 노력해야 한다.

미소를 짓게 하는 놀라운 마지막 연결

로마린다 대학에서 작은 흥미로운 연구를 진행한 적이 있다. 연구진들은 당뇨병, 고혈압, 심장병을 앓는 20명의 사람들을 모아 각자의 병에 맞는 약들을 처방한 후 1년간 추적 관찰했다.[21] 이 실험은 피험자를 두 그룹으로 나눠 진행했는데, 그중 한 그룹에만 매일 30분씩 코미디 프로그램을 시청하도록 했다.

연구진은 두 그룹을 추적하면서 혈액의 스트레스 호르몬, 콜레스테롤, 염증성 사이토카인의 수치를 비교했다. 매일 코미디 프로그램을 시청한 그룹은 다달이 스트레스 호르몬이 줄고 좋은 콜레스테롤은 26퍼센트 증가했다. 또한 코미디 프로그램을 본 그룹은 염증성 사이토카인이 66퍼센트 감소했다. 반면 코미디를 시청하지 않은 그룹(대조군)의 경우에는 26퍼센트에 그쳤다.

이는 소규모 집단으로 진행된 연구 결과지만, 일상적인 기분이 면역체계나 건강의 여러 측면과 서로 연결되어 있다는 사실을 잘 보여준다. 만일 우리가 매일 즐겁게 웃을 수 있다면, 뇌는 어제보다 오늘 더 건강해질 것이다.

09

우울한 뇌는 빨리 늙는다

종종 과학자들을 깜짝 놀라게 하는 연구 결과가 발표되기도 한다. 지금부터 살펴볼 연구도 그중 하나다. 연구자들은 치매 발병과 우울증, 불안, 조울증 같은 정신 건강 장애 사이에 연관성이 있는지 알아보기 위해 30년 동안 170만 명을 추적 관찰했다.[1] 2022년에 발표된 연구 결과에 따르면 정신장애를 앓고 있는 사람은 그렇지 않은 이들에 비해 평균적으로 5년 일찍 치매가 발병하는 것으로 나타났다. 연구진은 또 심혈관질환, 뇌졸중, 당뇨병, 통풍, 만성 폐쇄성 폐질환, 외상성 뇌손상, 암 같은 만성질환의 경우도 분석했다. 그 결과 치매 발병 위험은 만성질환보다 정신장애와 더 큰 연관이 있음을 발견했다.

2022년 연구에서는 정신 건강 장애와 치매 사이의 이런 연관성이 남녀 모두에게서 발견되었으며, 비단 알츠하이머병뿐만 아니라 다른 종류의 치매의 발병과도 관계가 있음을 알게 되었다. 정신 건강의 문제가 일상의 행복에 큰 영향을 끼친다는 사실은 진작 알고 있었지만, 이제 행복을 넘어 뇌의 노화와 치매에도 영향을 끼칠 수 있다는 걸 알고 나니 무섭고도 놀랍다.

분명한 건, 정신 건강 장애를 앓고 있다고 해서 반드시 치매에 걸리는 것은 아니다. 하지만 그 위험성이 높아지는 것은 사실이며, 이 사실을 알고 있는 것만으로도 치매를 막을 수 있는 새로운 길이 열린 셈이다.[2] 자, 그럼 지금부터 정신 건강 장애와 뇌 건강 사이의 연관성을 조금 더 자세히 알아보고, 우리의 뇌를 보호할 수 있는 새로운 길에 대해서도 알아보자.

정신 건강 장애는 기분 장애와 관련이 있지만 이 두 가지가 같은 건 아니다. 우리는 기분이 나쁘다고 해서 이를 두고 정신 건강 장애라고 진단하지 않는다. 오히려 기분은 우리의 내면과 외부 세계에서 좋은 일과 나쁜 일을 알려주는 등 생존과 번식에서 핵심적인 역할을 하며, 이는 정신 건강 장애와는 구분된다.

기분의 뇌과학

기분은 일시적인 마음 상태지만 우리의 면역체계, 호르몬, 신경체계, 뇌를 연결하는 데 아주 핵심적인 역할을 한다. 그러나 스스로 이 기분을 전혀 통제할 수 없다면, 이는 의학적인 문제가 된다. 기분을 통제하거나 조절할 수 없는 수준에 이르면 뇌 건강에 치명적인 영향을 주는 것은 물론, 뇌의 노화를 앞당길 수도 있다.

그렇다면 기분이란 정확히 뭘 말하는 걸까? 일반적인 하루를 상상해보자. 차를 몰고 출근하는데 누군가가 앞을 가로막는다. 우유를 사러 식료품점에 갔는데 소량 계산대 앞에 서 있는 사람이 너무 많은 물건을 가지고 있다. 영화를 보러 갔는데 어떤 사람이 영화관 안에서 통화를 한다. 여러분도 나와 비슷하다면 이런 생각을 떠올리는 것만으로도 짜증이 솟구칠 것이다. 이런 일을 하나만 겪어도 불쾌하지만, 이런 순간이 여러 번 반복되면 짜증과 불쾌함이 폭발하고 만다. 이렇게 내가 처한 환경, 혹은 대상으로 인해 한동안 지속되는 유쾌함 또는 불쾌함이 바로 기분이다.

한 흥미로운 연구에서는 사람들을 도넛으로 가득한 방에 홀로 두고, 20분 동안 눈앞의 도넛을 먹지 말라고 주문했다.[3] 실험에 참가한 이들 중 일부는 이를 무시하고 도넛을 먹었고, 나머지는 끝까지 도넛을 먹지 않고 참아냈다. 20분이 지난 뒤, 누군가가 그 방에 들어가 실험 참가자에게 (도넛을 먹었는지 여부와는 관계없이) 모욕을 줬다. 도넛을 먹은 사람과 먹지 않은 사람 중 모욕을 당한 뒤 기분이 더 나빠진 쪽은 누구였을까?

정답은 도넛의 유혹에 굴하지 않은 쪽이었다. 그들은 도넛을 먹은 그룹에 비해 기분이 더 나빠지고, 공격적인 태도를 보일 가능성이 높았다. 이는 대부분의 사람이 도넛을 먹고 싶어 하기 때문이다.

'먹고 싶다'는 욕망은 무언가를 '원하는' 뇌의 영역인 변연계(편도체, 해마, 시상하부로 구성된다)를 활성화시킨다. 반면 원하는 걸 억지로 참을 때는 뇌의 또 다른 부분인 전전두엽 피질을 사용하는데, 이는 먹고 싶다는 욕망에 브레이크를 걸어 욕구를 억제하라는 신호를 보낸다. 전전두엽 피질은 스마트폰의 배터리처럼 잠을 자는 동안 충전되고, 하루 종일 각종 요구에 대처하는 동안 차츰 고갈되기 시작한다. 그렇게 점점 집중력과 의지력, 기분도 고갈된다.

도넛을 먹지 않은 사람들은 먹고 싶다는 욕망에 브레이크를 걸며 의지력을 발휘해 참아냈고, 이 과정에서 전전두엽 피질의 에너지가 고갈됐다. 그래서 모욕을 당했을 때 기분을 조절할 에너지가 전혀 남아 있지 않았던 것이다. (다이어트하는 사람들이 밤에 참지 못하고 음식을 먹는 이유도 이것 때문이다. 하루 종일 많은 것을 참아낸 이의 전전두피질은 이미 방전 상태로, 더 이상 먹고 싶다는 욕망을 참지 못하는 것이다.)

기분은 아주 놀라운 방식으로 건강과 연결되어 있다. 예를 들어, 기분은 의료 시술의 성공 여부에도 큰 영향을 끼친다. 한 연구에 따르면 수술을 받기 전에 사람들이 느끼는 기분을 평가한 결과, 두려움, 분노, 슬픔 등 기분이 좋지 않은 상태에서 수술을 받은 사람들은 수술로 인해 부정적인 영향을 받을 가능성이 더 컸다.[4] 기분이 좋지 않았던 사람들의 경우 22퍼센트가 회복하는 데 어려움을 겪었던 반면, 기분이 좋았던 이들 중 회복 과정에서 어려움을 겪은 사람은 단 12퍼센트뿐이었다. 이 실험에서 피험자들의 기분이 얼마나 좋았는지는 중요하지 않다. 기분이 나쁜 상태가 아니라면 큰 영향을 끼치지 않았기 때문이다. 우리가 병원에 가면서 탭댄스를 출 필요까지는 없지만, 적어도 힘든 상황에서도 부정적인 기분을 최대한 배제하는 것이 좋다. 우리의 기분, 의료적 조치의 결과 그리고 전반적이 건강 상태는 모두 밀접하게 연결이 되어 있다는 점을 잊지 말자.

정신 건강 장애와 뇌의 노화

정신 건강 장애의 종류는 매우 다양하다. 우리는 그중에서 이 책의 주제이기도 한 '뇌의 노화'라는 맥락에 맞춰 불안, 우울증, 양극성 장애에 대해 더 자세히 알아볼 것이다.

불안, 우울증, 양극성 장애는 모두 뇌세포를 고갈시키고 화학적 불균형을 초래해서 뇌를 빨리 노화시키고 치매 위험을 높일 수 있다. 2021년 연구에 따르면 초기 성인기(약 18~40세)에 우울증이 발생하면 노년기에 치매를 앓을 위험이 73퍼센트 증가한다고 한다. 초기 성인기에 우울증을 겪은 사람은 10년 뒤에 인지 능력이 저하될 가능성이 남들보다 높으며,[5] 노년기에 우울증 증상을 겪는 사람은 우울증이 없는 사람에 비해 치매 위험이 43퍼센트 증가했다. 불안 장애는 치매 위험을 29퍼센트 높이고 양극성 장애는 그 병을 앓지 않는 사람에 비해 치매 위험을 세 배 가까이 높인다는 연구 결과도 있다.[6]

그렇다면 우울증, 불안, 조울증은 왜 치매 위험을 증가시키는 걸까? 여기에는 여러 가지 메커니즘이 작용한다.[9]

먼저 우리가 공포와 불안을 느낄 때 뇌에서 무슨 일이 일어나는지부터 살펴보자. 공포는 마치 연기 경보기처럼 경보를 울려 편도체를 활성화시킨다. 이 경고 덕분에 우리는 위험한 상황에서도 목숨을 지키며 살 수 있는 것이다. 그런데 만약 연기가 나지 않을 때도 계속 연기 경보가 울리면 어떻게 될까? 시끄러운 경고음 때문에 잠들기가 어려운 것은 물론, 집중력도 쉽게 깨질 것이다. 이 끊임없는 경고는 불안 장애가 있을 때 우리의 뇌 속에서 일어나는 일과 같다. 또 우리가 두려움을 느끼면 뇌는 전기 신호를 보내고, 이 신호에 따라 에피네프린과 아드레날린 같은 화학물질이 방출되면서 심장이 요동친다. 이를 '투쟁-도피 반응'이라고 한다. 이렇게 몸의 신호에 맞춰 화학물질을 방출하는 건 아주 정상적이고 몸을 보호하는 조치이며, 위험이 사라지만 이 반응도 멈춘다. 그렇지만 화학물질이 너무 자주 방출되면 세포와 DNA가 손상되고 뇌가 지칠 수 있다. 불안한 상태에서는 이러한 화학물질이 만성적으로 분비되는데, 이는 투쟁-도피 반응 또는 경고가 계속 켜져 있기 때문이다.

다음으로 우울증은 뇌 여러 부분의 기능과 의사소통을 방해한다. 우울증은 행복했던 기억이나 즐거움을 주는 것들을 기억하는 뇌의 안와전두피질을 파괴한다.[10] 또한 우울증 치료가 잘되지 않았거나 반복적으로 발생하면 뇌에서 과도한 스트레스 호르몬이 분비되고, 이로 인해 해마가 수축돼 새로운 정보를 기억하는 데 치명적인 영향을 미칠 수 있다.[11]

마지막으로 양극성 장애는 흔히 조울증으로 불리는 정신 질환으로 주기적으로 조증과 우울증 상태를 왔다 갔다 하며 기분이 극단적으로 변한다. 양극성 장애를 앓는 경우에는 전전두엽 피질의 활동이 줄어드는 게 특징이다. 이렇게 되면 기분을 조절하거나 자극에 빠르게 대응하는 변연계(갈망)에 제동을 걸기 어려워 폭주하기 쉽다. 더욱이 양극성 장애의 조증 단계에서는 에너지가 넘치기 때문에 먹거나 잠을 잘 필요가 없다고 느끼며, 개인의 자아가 팽창한다. 따라서 계속해서 에너지를 써 탈진할 위험이 높다. 또한 뇌세포는 보통 맥박에 맞춰 움직이는데, 조증 상태인 사람의 경우 맥박이 빨라 더 위험하다.[12] 세포가 오랫동안 너무 빠르게 맥동하면, 과도하게 사용한 배터리가 닳아 없어지는 것처럼 세포가 타버릴 수 있기 때문이다.

위의 세 가지 주요 정신 질환 외에도, 일반적으로 겪을 수 있는 정신적 문제는 아래와 같은 문제들을 불러온다.

- 염증과 스트레스 반응 시스템의 변화는 심혈관 질환의 발생 위험을 높인다. 기본적으로 과도한 투쟁-도피 반응은 심장을 지치게 하고 뇌세포를 손상시킬 수 있다.
- 우리를 다른 사람들로부터 고립시킬 수 있다.
- 우울한 상태에서는 신체 활동을 하지 않거나, 그 빈도가 크게 준다.
- 휴식과 수면 부족을 초래하고 이로 인해 심혈관계가 손상된다.

여기서 말한 모든 것은 치매를 일으킬 수 있는 위험 요인이다. 더욱이 중요한 사실은 정신 건강 장애가 뇌세포를 빨리 지치게 해 뇌의 노화를 가속화한다는 것이다. 노화된 뇌는 젊은 뇌에 비해 치매에 걸릴 위험이 훨씬 높으므로 이 역시 주의가 필요하다.

○ 유아기의 경험과 뇌의 노화

우리는 1장에서 초년에 걸쳐 일어나는 뇌의 놀라운 변화들을 함께 살펴봤다. 뇌가 빠르게 발달하는 이 시기에 충격적인 경험을 한다면, 우리의 뇌는 어떤 영향을 받게 될까?

한 연구는 어린 시절에 학대나 방치 등 외상성 경험을 세 번 이상 겪으면, 치매에 걸릴 확률이 높아진다는 걸 발견했다.[13] 뇌가 발달하는 시기에 충격적인 경험을 하면 전전두엽 피질과 해마가 완전히 형성되지 못할 수 있다.[14] 이처럼 발달 중인 뇌는 취약하기 때문에 보호가 필요하다.

뇌에서 자연적으로 발생하는 화학물질 간의 불균형도 뇌 노화의 원인이 될 수 있다. 기분과 집중력을 조절하는 신경전달물질인 도파민과 세로토닌은 뇌세포 사이를 통과하며 정신 건강 측면에서 매우 중요한 역할을 수행한다. 예를 들어, 양극성 장애를 앓는 사람이 조증 상태에 있으면 하나의 뇌세포에서 다른 뇌세포로 전달되는 도파민과 세로토닌의 수치가 증가한다. 뇌의 메커니즘에 따르면 이렇게 뇌세포에서 나오는 화학물질의 수치가 높아지면 뇌가 이를 감지하고 방출을 차단한다. 그렇게 뇌에 넘치던 화학물질이 어느 순간 결핍 상태가 된다. 이는 뇌세포가 중요한 화학물질을 너무 많이 혹은 적게 방출하는 악순환으로 이어질 수 있고, 또 기억력에 부정적인 영향을 미칠 수 있다. 이런 화학적 불균형은 우울증을 유발하고, 도파민 부족은 의욕을 낮춘다는 연구도 있다. 또한 세로토닌의 수치가 낮으면 기분에 부정적인 영향을 준다.[15]

과거 정신 건강 연구에서는 세로토닌과 도파민의 역할을 지나치게 단순화했다. 이 두 가지 주요 화학물질이 정신 건강에 영향을 미치는 것은 분명하다. 하지만 이들의 불균형이 정신 건강에 미치는 영향이 얼마나 큰지, 그 정도는 아직 불분명하다. 뇌는 아주 복잡해서 단순히 한 가지 성분을 더하거나 빼는 것만으로 균형을 이룰 수 있다고 말하기는 힘들기 때문이다. 우울증이나 불안과 같은 정신 건강 장애는 단순히 뇌의 균형이 깨져서 발생하는 것은 아니지만, 기억이 제대로 기능하려면 이러한 주요 뇌 화학물질의 균형이 맞아야 한다. 너무 많거나 너무 적으면 그 균형이 깨져 뇌세포가 손상되고 노화된다.

염증은 정신 건강에도 영향을 미친다

우리는 앞서 염증이 뇌를 어떻게 괴롭히는지 함께 살펴봤다. 이 염증과 자가면역질환은 뇌 건강은 물론, 정신 건강에도 영향을 미친다. 이런 문제는 주로 여성에게 많이 나타나므로 여성 독자들은 반드시 알아둬야 한다.

40~50대 여성이 진료실에 앉아 우울증에 시달리는 자신의 상황을 설명하고 있다고 상상해보자. 그녀는 자신이 항우울제를 복용하는 것은 물론, 상담 치료까지 받아봤지만 증상이 나아지지 않았다고 토로한다. 또한 우울증의 원인이 정확히 무엇인지 모르겠다며 스트레스받는 상황들을 되짚어보지만 여전히 알 수 없어 답답하기만 하다. 그렇게 그녀는 여러 병원을 전전하며 우울증을 치료해줄 사람을 기다리고 있다. 이런 장면을 상상하는 것만으로도 그녀의 고통과 좌절이 느껴지지 않는가?

의사들은 이런 여성의 이야기를 들으면, 대부분 갱년기를 의심한다. 호르몬의 변화가 기분에 큰 영향을 미치기 때문이다. 이런 추론은 대단히 논리적인 것처럼 보이지만, 그 어떤 경우에도 갱년기는 우울증과 불안의 근본적인 원인이 될 수 없다.

《미국의학협회저널 정신의학JAMA Psychiatry》에 실린 한 연구를 살펴보자. 환자 3만 6000명을 분석한 결과 우울증이나 불안증을 앓는 환자의 50퍼센트가 자가면역성 갑상샘염AIT 항체에도 양성 반응을 보인다는 걸 발견했다. 이는 하시모토 갑상샘염이라고도 하는데 면역체계가 갑상샘과 갑상샘 호르몬을 위협으로 오인해 이에 대항할 항체를 만들어 갑상샘을 공격하는 질환으로, 갑상샘이 수행하는 주요 기능을 파괴한다. 목 부근에 위치한 나비 모양의 갑상샘은 신진대사, 에너지 생성, 체온, 성장을 비롯한 광범위한 일상적 기능에 영향을 미치는 호르몬을 분비한다. 호르몬이 충분히 분비되지 않으면 피로, 추위에 대한 민감성, 건조한 피부, 탈모, 체중 증가, 우울증과 기억력 문제 등의 증상이 나타날 수 있다. 실제로 우울증을 겪는 환자 중 다수가 갑상샘에 염증이 있는 것으로 밝혀졌다. 이처럼 우울증의 원인이 뇌에만 있는 것은 아니다.

자가면역성 갑상샘염, 불안, 우울증 사이에서 드러난 또 하나의 반전은 여성이 남성보다 자가면역성 갑상샘염의 영향을 더 많이 받는다는 것이다. 그리고 이 질환은 40~50세 사이에 발병하는 경향이 있는데, 이 시기가 갱년기와 비슷하기 때문에 많은 의사가 이 시기의 불안과 우울의 원인을 갱년기의 일환으로 잘못 추론하곤 한다.

수십 년 동안 불안과 우울증은 뇌와 관련된 질병이라고만 생각해왔다. 이에 항우울제를 복용하고 상담을 받는 것이 가장 좋은 치료법이라 여겼다. 그러나 현재는 이런 치료에도 불구하고 환자의 증상이 완화되지 않고, 환자가 중년 여성일 경우에는 갱년기를 또 하나의 원인으로 봐 호르몬 치료를 처방한다. (사실 항우울제를 사용해도 증상이 호전되지 않는 경우가 종종 있다. 우울증 환자의 약 30퍼센트는 항우울제에 반응하지 않는다.[16]) 여성 환자가 감상샘염을 앓고 있다거나, 다른 자가면역질환을 겪고 있을 가능성은 고려조차 하지 않은 것이다. 8장에서 얘기한 것처럼, 면역체계가 뇌를 공격하면 기억과 관련된 중요한 뇌세포가 파괴되어 성별에 관계없이 치매에 걸릴 가능성이 높아진다. 정신 건강과 염증의 관계는 누구에게나 양방향이라는 사실을 꼭 기억하자. 기분 장애는 스트레스 호르몬을 증가시켜서 염증 수치를 높이고, 염증은 뇌를 공격해 우울증, 불안, 치매 위험을 높인다. 그리고 이렇게 공격받은 뇌는 빨리 늙는다.

이 장을 읽고, 정신장애를 앓고 있는 사람들이 치료법을 찾는 게 얼마나 중요한지 깨달았기를 바란다. 이는 더 행복하고 평온한 삶을 살기 위한 것뿐만이 아니라, 뇌 기능을 보호하는 일이기도 하다. 정신 건강에 대한 오해와 부정적인 이미지가 최근 많이 줄어들고 있어 매우 다행이다. 대중의 인식이 바뀌고 이를 수용하는 마음이 커질수록 더 많은 사람이 필요한 치료를 쉽게 받을 수 있게 될 것이다.[17]

이제 이 책에서 가장 중요한 파트인 3부, 늙지 않는 뇌를 만드는 방법을 알아보자.

Brain Keeping

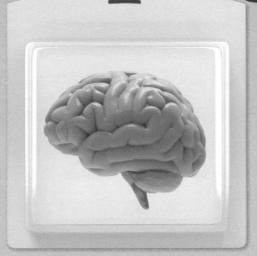

3부

브레인 키핑의 습관

"습관을 바꾸면 건강한 뇌를 30년 더 쓸 수 있다."

10.

◆수면

잠은 뇌를 고친다

역대 최고의 테니스 선수 중 한 명인 피트 샘프러스^{Pete Sampras}는 그랜드 슬램 기록을 보유하고 있고 윔블던에서 일곱 차례 우승했으며 강력한 서브로 유명하다. 1990년대 대부분의 기간 동안 그는 테니스계의 간판 스타였다. 앤드리 애거시^{Andre Agassi}, 마이클 창^{Michael Chang}, 짐 쿠리어^{Jim Courier} 같은 동시대 다른 테니스 거장들과 벌인 엄청난 대결은 전설로 남아 있다.

테니스와 관련된 부분에서는 무엇이 그를 그런 엘리트 선수로 만들었는지 잘 모르겠지만, 그의 성공에 기여한 것 중 확실한 게 하나 있다. 샘프러스는 여러 시간대를 넘나들면서 전 세계를 돌아다닐 때 늘 검은색 마스킹 테이프를 가지고 다녔다.[1] 그 테이프는 라켓이나 부상 방지를 위한 것이 아니었다. 샘프러스는 새로운 호텔 방에 들어갈 때마다 테이프로 방에 있는 모든 전자 조명을 가렸다. 시계, 화재경보기, 냉각 장치, 심지어 TV를 꺼놓았을 때도 계속 켜져 있는 작은 빨간색 불빛까지 전부 다 말이다. 커튼 사이로 햇빛이 비치면 그 역시도 테이프로 덮었다. 빛을 발산하는 모든 걸 검은색 테이프로 가린 것이다.

왜 그렇게 했을까? 자신이 완전한 암흑 속에서 잠을 자고 일어난 날에 게임이 더 잘되고, 집중력도 높아졌으며 기운이 넘친다는 걸 발견했기 때문이다. 당시 사람들은 샘프러스의 이런 행동이 지나치다고 생각했다. 하지만 그는 아주 미세한 빛도 자신을 깨울 수 있다는 사실을 알고 있었다. 과학자들이 연구를 거듭해 알아낸 사실을 본능적으로 알아차린 것이다. 인공적인 빛은 우리의 자연적인 수면 주기를 방해한다.[2] 그리고 수면장애는 뇌를 어지럽힌다. 다시 말해, 수면 시간뿐만 아니라 그 시간이 얼마나 효과적인가 역시 중요하다.

뇌 기능을 강화하고 면역 균형을 맞추는 전략을 소개하는 3부 첫 장의 주제로 '수면'을 소개하는 데는 이유가 있다. 수면이 뇌 기능을 보존하기 위한 전투에서 가장 강력한 아군이기 때문이다. 원기를 회복시키는 양질의 깊은 수면은 뇌 건강을 지키는 가장 중요한 요소다.

몸이 회복하는 시간, 잠

우리가 잠에 대해서 생각할 때는 대개 충분히 자지 못했거나 특이한 꿈을 꾸었을 때, 아니면 잠을 너무 많이 자서 하루가 다 갔을 때 정도다. 하지만 잠은 단순히 휴식이나 꿈꾸는 시간으로 치부하기에 우리 인생에 상당히 많은 부분을 차지한다. 만약 잠을 깊게 자지 못하거나, 쉽게 잠들지 못하는 등 수면장애를 앓게 될 경우 삶의 질이 떨어지며, 알츠하이머병과 치매는 물론이고 당뇨, 심장질환, 우울증, 불안, 암, 비만 등을 유발할 수 있다는 말을 들으면 놀랄지도 모른다.

잠을 제대로 못 잔다고 해서 반드시 이런 병에 걸리는 건 아니다. 잠에는 단순한 휴식 이상의 기능이 있어 수면이 부족하면 기분, 신진대사, 에너지, 호르몬 분비 같은 건강 측면을 조정하는 체내 시계인 24시간 주기 리듬이 깨진다. 봄에 일광 절약 시간제◆로 바꾸는 지역에 사는 이들은 시계를 바꾼 다음 주에 몸 상태가 어떤지 알고 있을 것이다. 시계를 1시간 앞당겨서 조정하고 나면 수면 시간이 1시간 줄어든다. 그래서 그다음 주에는 몸 상태가 좋지 않다고 투덜대는 이들이 많아진다. 그 기분은 밖으로도 드러나서, 일광 절약 시간제를 실시한 다음 주에는 교통사고와 작업장 부상, 심장마비, 뇌졸중이 더 많이 발생한다.[3] 컬럼비아 경영대학원의 한 연구는 심지어 판사들도 일광 절약 시간제로 바뀐 다음 주에는 더 가혹한 판결을 내린다는 걸 발견했다.[4] 그렇다면 왜 수면은 우리 몸과 뇌에 그렇게 중요할까? 밤에 잘

◆   하절기에 국가 표준시를 원래 시간보다 1시간 앞당겨서 사용하는 것을 뜻하며 '서머타임'이라고 하기도 한다.

때 무슨 일이 일어나는지 자세히 살펴보자.

수면 주기 이해

우리는 잠을 자는 동안 얕은 수면, 깊은 수면, 빠른 안구운동REM 수면의 3단계를 순환한다. 이 3단계를 거치는 데는 총 90분 정도가 소요되며 밤새도록 이 주기를 반복한다.

각 단계를 인식하는 방법 중 하나는 뇌의 전기 활동 양을 측정하는 것이다. 우리 뇌세포는 서로 전기 신호를 보내면서 의사소통을 한다. 뇌가 열심히 일할수록 더 많은 전기를 생산하는 것이다.

- 얕은 수면 상태일 때는 전기 활동 양이 깨어 있을 때와 비슷하다.
- 깊은 수면 상태일 때는 얕은 수면이나 REM 수면 상태일 때에 비해 전기 활동량이 매우 적다.
- REM 수면 상태일 때는 깨어 있을 때보다 더 많은 전기 활동이 일어난다.

본인은 의식하지 못하지만, 정상적인 수면 주기일 때 우리 뇌는 90분에 한 번씩 잠을 깬다. 밤에 잠깐 잠이 깨더라도 수면 과정의 자연스러운 부분이니 걱정할 필요 없다. 사실 잠을 깨는 게 정상임을 아는 것이 효과적인 수면을 취하는 첫 번째 단계다. 오히려 문제가 발생하는 건 잠에서 깬 뒤에 어제 하지 못한 일과 내일 해야 할 일에 대해 생각하기 시작하거나, 깼다는 사실에 너무 스트레스를 받아 다시 잠들지 못할 때다. 완전히 잠에서 깨더라도 시계를 보거나 앞으로 할 일을 생각해선 안 된다. 심호흡을 몇 번 하면서 지금 잠에서 깬 건 뇌가 수면 주기를 끝마친 것뿐이고, 이제 다음 주기를 시작할 때라는 점을 기억하자.

○ **숙면을 위한 온도 낮추기**

너무 따뜻한 방에서 잠을 자려다가 계속 뒤척인 적이 있는가? 사람들은 대부분 따뜻한 방보다 시원한 방에서 잠드는 게 더 쉽다고 생각하는데 여기에는 이유가 있다. 그 이유를 알아보기 위해 수면 주기를 좀 더 살펴보자. 수면 주기의 첫 번째 단계인 얕은 수면은 약 20~30분간 지속된다. 얕은 수면을 하는 동안에는 뇌가 상당히 많은 전기 활동을 한다. 그래서 얕은 수면 단계에서 잠을 깨면 가장 상쾌한 기분을 느낄 수 있다. 뇌는 얕은 잠에서 깊은 잠으로 전환하기 위해 중심 체온을 낮춘다. 한 연구에서는 잠드는 데 어려움을 겪을 경우 침실의 온도를 몇 도 낮추면 더 깊은 수면에 도달할 수 있고 뇌활동도 증가한다는 사실을 발견했다.[5] 방 온도를 낮추려면 온도 조절기를 낮추거나 창문을 살짝 열어두자. 가볍고 통기성이 좋은 시트, 담요, 잠옷을 사용하는 방법도 있다.

밤새 깊은 수면과 REM 수면 주기를 여러 번 거치려면 상당한 노력을 기울여야 한다. 깊은 수면은 노화를 방지하고 몸을 재생하고 원기를 회복시키는 수면 단계다. 이때 뇌 활동은 상당히 느려진다. 2장에서 얘기한 것처럼 뇌가 800억 개의 뇌세포에서 쓰레기를 긁어내고 척수액이 뇌를 씻어내는 시간이기 때문이다. 뇌가 깨끗이 청소되는 동안 몸도 근육과 뼈를 재건하면서 회복된다. 효과적으로 숙면을 취하지 않으면 우리는 훨씬 빨리 늙는다. 게다가 나이가 들면 깊은 수면이 줄어서 뇌와 면역체계에 큰 피해를 입을 수 있다. 깊은 수면은 30세쯤부터 현저하게 감소하기 시작한다.[6] 나이가 들면서 효과적인 수면이 부족해지는 것이 기억력과 뇌, 면역 문제의 핵심 원인이다.

수면과 면역체계

수면은 면역체계를 위한 비밀 무기다. 숙면을 취하지 못할 경우 감기에 걸릴 가능성이 더 높은지 알고 싶었던 연구진은 실험 지원자들의 얼굴에 감기 바이러스를 뿌렸다. (당시 실험 지원자들은 모두 자원한 이들이었다.) 그리고 그룹의 절반은 밤새 숙면을 취하도록 하고, 나머지 절반은 뇌가 깊은 수면에 들어갈 때마다 깨웠다. 그 결과 깊은 수면에 도달하지 못한 이들이 감기에 훨씬 많이 걸렸다.[7]

비슷한 연구에서는 하루 4시간 정도 잘 경우 감기에 걸릴 위험이 가장 크다는 걸 알아냈다. 수면 부족이 나이, 스트레스 수준, 흡연 여부보다 더 중요한 요인이었다.[8] 우리가 자는 동안 T세포가 바이러스, 박테리아, 심지어 암세포와 싸운다. 수면은 T세포가 인테그린 integrin이라는 끈적한 단백질을 활성화할 수 있게 해준다.[9] 인테그린은 T세포가 침입자나 감염된 세포에 달라붙어서 그들을 죽이는 걸 도와준다. 만약 T세포가 위험한 병원체에 달라붙어서 파괴하지 못한다면 우리는 병에 걸릴 가능성이 훨씬 높아진다.

우리는 REM 수면 단계에서 꿈을 꾼다. 그러면서 그날 하루 동안 배운 것들을 무의식중에 떠올린다. 지금도 뇌세포 사이의 연결부가 상기시켜주는 것처럼, 우리가 배운 내용은 전부 800억 개 뇌세포 사이의 연결부에 저장되어 있다. 꿈을 꿀 때 뇌는 새로 생성된 연결부위에 전기 자극을 가한다. 시험공부를 하든 아니면 지난번 골프 수업이나 프랑스어 수업에서 배운 걸 기억하고 싶든, REM 수면을 취하지 않으면 효과적으로 배우지 못한다.

REM 수면 단계에서는 새로운 연결이 강화될 뿐만 아니라 뇌가 더 이상 중요하지 않다고 생각하는 오래된 연결을 해제한다. 그래서 꿈속에서는 막 배우거나 경험한 일과 오랫동안 생각하지 않았던 사람, 또는 물건이 기괴하게 혼합되는 경우가 많다.

○ REM 수면장애

꿈을 꾸는 동안 뇌 뒤쪽에 있는 뇌교라는 영역이 척수로 신호를 보내서 목 아래부터 전신을 마비시킨다. 대체 왜 이런 일이 일어날까? 몸이 마비되지 않는다면 현실에서 꿈을 실행에 옮길 수도 있기 때문이다. 만약 싸우는 꿈을 꾸는 중에 몸이 자유자재로 움직인다면, 이는 매우 위험할 수 있다. 꿈꾸는 동안 몸이 마비되지 않는 것을 REM 수면장애라고 한다. REM 수면장애는 잠꼬대나 가벼운 움직임이 아니다. 또 몽유병이나 수면제 부작용 때문에 자는 동안 침대에서 일어나 뭔가를 먹거나 돌아다니는 것과도 다르다. REM 수면장애는 실제로 침대에서 일어나 꿈을 실행에 옮긴다. 이 장애가 파킨슨병이나 루이소체 치매 같은 일부 뇌 질환의 조기 경고 신호일 수도 있다는 증거가 발견되기도 했다.[10] REM 수면장애를 앓는 사람에게 반드시 이런 병이 생기는 건 아니다. 그저 위험도가 높다는 뜻이지만 이건 무시해선 안 되는 경고신호이기도 하다. 이런 수면 이상을 겪고 있다면 꼭 신경과 진료를 받아봐야 한다.

건강한 수면은 뇌와 면역체계를 젊게 유지시킨다. 따라서 보다 건강한 삶을 살기 위해서는 수면의 질을 개선할 필요가 있고, 조금만 주의를 기울이면 그것을 가능하게 할 획기적인 방법도 있다. 이제부터 그 방법들을 소개하고자 한다.

뇌 시계가 작동하는 방식

시교차 상핵 또는 '뇌 시계'라고 하는 2만 개의 뇌세포로 이루어진 작은 덩어리는 뇌를 이해하는 데 매우 중요하다. 뇌 시계가 작동하는 방식을 발견한 이들이 2017년에 노벨 생리의학상을 수상하기도 했다. 핀 머리만 한 크기의 이 세포군은 우리 몸 전체의 마스터 시계 역할을 하기 때문에 의학 연구에서 가장 흥미로운 영역 중 하나로 손꼽힌다.

우리 몸은 약 37조 개의 세포로 이루어져 있다. 이 세포들 중 상당수(심장을 계속 뛰게 하는 심장세포, 음식을 소화시키는 위세포, 혈액 속으로 호르몬을 방출하는 부신세포 등)가 2만 개의 뇌세포가 모인 뇌 시계에 귀를 기울인다. 뇌 시계가 어떻게 작동하는지 간단히 살펴보기 위해 다음과 같은 시나리오를 만들었다. 밤에 침대에 누워서 불을 다 껐다. 자, 이제 여러분 뇌에서는 다음과 같은 일이 일어난다.

1. 뇌 시계가 어둠을 감지하고 뇌에서 멜라토닌이라는 화학물질을 방출하게 한다.
2. 멜라토닌이 뇌를 잠재운다.
3. 어둠 속에서 멜라토닌이 계속 분비되어 뇌를 잠재운다.

일어날 시간이 되면 이런 일이 일어난다.

1. 외부의 자연광이 창문을 통해 들어와 눈을 통과한다. 눈꺼풀을 닫고 있어도 마찬가지다.
2. 그 빛이 뇌 시계에 멜라토닌 분비를 중단하라고 지시한다.
3. 멜라토닌이 없으면 잠이 깬다.

하지만 형편없는 지휘자가 오케스트라의 리듬을 망치는 것처럼, 제대로 작동하지 않는 뇌 시계는 심장박동, 호흡, 신진대사, 기분, 소화, 수면을 방해할 수 있다. 예를 들어, 기억력에 문제가 없던 노인이

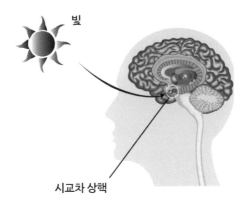

빛

시교차 상핵

병원에 입원했다가 퇴원하면 기억력에 문제가 생길 수 있다.[11] 왜일까? 병원에서는 밤새 불이 켜져 있는 경우가 많고, 간호사가 수시로 혈압을 재며, 같은 병실 환자가 내는 소리나 복도에서 들리는 소음 때문에 환자들이 자주 수면을 방해받는다. 별로 대수롭지 않아 보이지만 사실 밤 시간대의 수면 방해 요소와 낮 동안의 자연광 부족이 합쳐져서 효과적인 수면과 기억 보존에 큰 피해가 발생한다.

오늘날의 세상에는 '잠드는' 단계와 '깨어나는' 단계를 방해하는 것이 매우 많다. 우리 뇌는 수백만 년에 걸쳐 진화했지만 최근 1만 년 동안은 크게 변하지 않았다. 그래서 현대인의 24시간 생활 방식에 제대로 적응하지 못하고 있다. 좋은 소식은 뇌 시계를 사용해서 수면장애의 영향을 극복할 수 있다는 것이다. 아주 간단한 조정을 통해 뇌가 자연광과 완전한 어둠의 자연적인 리듬으로 돌아가도록 하면 바람직한 쪽으로 큰 차이를 만들 수 있다.

뇌 시계는 잠드는 데 도움이 되도록 설정할 수 있는 타이머와도 같다. 그렇다면 어떻게 설정해야 할까? 아침에 일어나면 10~15분 정도 밖에 나가서 자연광을 쬔다. 그렇다, 아침에 일어나자마자 잘 준비를 시작하는 것이다. 동네를 빠른 걸음으로 한 바퀴 도는 것만으로 충분히 효과가 있다. 그렇게 하면 밤에 잠들기 위한 카운트다운이 시작된다. 간단한 방법처럼 들리겠지만 몇 분간 자연광을 쬐지 않으면 뇌 시계가 잘못될 수도 있다. 집에서 일하거나 차를 타고 바로 사무실로 갈 경우 자연광을 쬐지 못해서 수면 문제가 생길 수도 있다.

"꼭 밖에 나가야 하는 건가? 그냥 창가에 서 있으면 안 되나? 창가에 러닝머신을 놓는 건 어떨까? 밖에 나가지 않고 안에서 할 수 있는 게 없을까?"라는 질문을 자주 받는다.

밖에 나가는 게 항상 쉽지만은 않다는 것, 잘 안다. 날씨가 너무 춥거나 몸 상태가 좋지 않거나 비가 오는 날도 있다. 그런 날에는 밖으로 나가지 못하더라도 아침 시간은 물론이고 종일 창문 근처에 있도록 노력해야 한다. 하지만 가능하면 언제든 밖으로 나가자. 핵심은 자연광이 신체 움직임, 그리고 신선한 공기와 결합되어 뇌에 좋은 영향을 준다는 것이다. 최상의 결과를 얻으려면 이 세 가지가 모두 필요하다. 세상에서 가장 근사한 날씨가 필요한 것도 아니다. 아무리 흐린 날에도 뇌 시계를 자극할 수 있는 자연광 파장은 존재한다는 연구 결과도 있다.[12] 프로 운동선수들은 수면을 최적화해서 경기력을 극대화하기 위한 노력을 기울이는데, 아침 햇볕을 쬐는 방법은 가장 쉽지만 확실한 변화를 가져왔다. 바쁜 생활 속에서 자주 간과되긴 하지만, 아침 햇살은 우리 정신과 육체 건강의 다양한 부분을 정상 궤도로 올려놓기 위한 출발점이므로 매우 강력한 팁이다.

하루에 2~3번 정도 밖에 나가서 10~15분씩 휴식을 취하는 것도 중요하다. 오전 중에 짧은 산책, 점심 식사 후 산책, 그리고 오후 늦게 한 번 더 산책하는 걸 고려해보자. 아침에 쬔 햇빛은 잠들기까지 카운트다운을 시작하고 하루 종일 쬔 자연광은 뇌 시계가 시간에 맞춰서 원활하게 작동하게 해준다.

또 하나 자주 듣는 질문은, 해가 뜨기 전에 일어나는 사람은 어떻게 해야 하느냐는 것이다. 수면을 충분히 취하고 있다면 일찍 일어나는 게 문제가 되지 않지만, 해가 뜨면 밖에서 잠깐 산책을 하는 게 좋다. 반대로 잠꾸러기들의 경우에는 늦게 일어나도 괜찮지만, 너무 늦게 일어나면 취침 시간이 늦어질 수 있다는 걸 알아야 한다. 자정이나 새벽 1시가 넘어서 잠자리에 들면 우울증 같은 정신 건강 문제가 발생할 위험이 높아진다는 증거가 있는데, 1시간만 일찍 자도 심각한 우울증에 걸릴 위험을 23퍼센트까지 낮출 수 있다.[13]

한 흥미로운 연구에서는 자는 데 많은 어려움을 겪는 사람들을 조사했다.[14] 이들은 뇌 시계를 다시 맞추기 위해 수면제를 비롯한 다양한 방법을 시도했지만 모두 실패로 돌아갔다. 그래서 연구진은 이들을 캠핑에 데려가 낮에는 자연광을 많이 쬐도록 하고, 밤에는 전자제품 하나 없는 완전한 '어둠'을 경험하게 했다. 그러자 일주일도 안

되어 참가자들의 뇌 시계가 정상으로 돌아왔고 잠도 훨씬 잘 잘 수 있게 됐다.

당신도 이 방법을 시도해볼 수 있다. (캠핑을 갈 때는 글램핑은 피하고, 기술 장비와 각종 문명의 이기도 가져가지 않도록 한다.) 만약 이렇게 침낭이나 텐트에서 자고 싶지 않다면, 자신의 하루를 돌아보며 다음의 질문에 답해보자.

- 아침, 그리고 종일 자연광을 얼마나 쬐고 있는가?
- 밤에 진정한 어둠을 경험하고 있는가?
- 저녁 시간에 인공 빛을 많이 받는가?

가능한 모든 부분을 조정하기 위해 작은 단계부터 시작하자. 조명을 낮추고 잠자리에 들기 전에 인공 조명을 쬐는 시간을 가급적 줄이자. 다음은 뇌를 강화하는 수면을 위한 최고의 팁을 이야기해 보고자 한다.

뇌를 위해 최고의 수면을 취하는 방법

자신의 수면에 아무 문제가 없다고 생각하는 사람은 없을 것이다. 직장에서는 종일 열심히 일해야 한다는 압박감에 시달리고, 집에 오면 잠을 미루도록 부추기는 기술에 정신이 팔리기도 한다. 게다가 고통이나 불안 같은 증상을 동반하는 전반적인 건강 문제 때문에 잠자는 게 더 힘들 수도 있다.

불행히도 우리는 수면제에 너무 많이 의존하고 있다.《미국의사협회 내과학JAMA Internal Medicine》저널에 발표된 한 연구는 처방전 없이 살 수 있는 감기약, 진통제, 수면 보조제, 또는 규칙적으로 복용할 경우 졸음을 유발하는 약이 치매 위험을 상당히 높일 수 있다는 사실을 발견했다.[15] 이런 수면 보조제는 뇌를 가수假睡 상태에 빠뜨리는데, 효과적인 깊은 수면과는 다른 이 상태에서는 뇌가 쌓여 있는 노폐물을 제대로 씻어내지 못한다. 그래서 이제 미국수면의학회는 수면제를 불면증 치료를 위한 최우선적인 방법으로 추천하지 않는다.[16]

멜라토닌 보충제도 별로 좋은 생각은 아니다. 무엇보다 이런 보충제는 FDA의 규제를 받지 않는다.《임상수면 의학저널Journal of Clinical Sleep Medicine》에 발표된 한 연구에서 다양한 브랜드의 보충제에 함유된 멜라토닌 양을 테스트했다. 그 결과 라벨의 광고 내용에 비해 멜라토닌 양이 너무 많거나 적고 완전히 다른 화합물이 들어 있기도 한 것으로 밝혀졌다.[17] (이건 멜라토닌 외에도 FDA 규제를 받지 않는 보충제에서 흔하게 발생하는 문제다. 자기가 뭘 먹고 있는지 제대로 알지 못하는 게 현실이다.) 멜라토닌 보충제는 다른 약물의 작용을 방해할 수 있고 심지어 뇌가 자체적으로 멜라토닌을 만드는 것, 즉 내인성 멜라토닌 방출을 중단시킬 수도 있다. 다만 주치의가 멜라토닌 보충제가 여러분에게 적합하다고 판단했다면 그 결정에 따라야 한다.

요약하자면 (의사가 달리 지시하지 않는 이상) 효과적인 수면을 취하기 위해 외부 보조제에 의존하기보다 뇌가 작동하는 방식에 대해 우리가 알고 있는 정보를 이용하는 것이 우선이다.

가 들기 전 할 수 있는 7가지 방법

❶ 따뜻한 물로 샤워하기

5322개의 연구를 분석한 결과, 빨리 잠들어서 숙면을 취하는 데 도움이 되는 아주 간단한 방법을 발견했다. 잠자리에 들기 90분에서 2시간 전에 따뜻한 샤워나 목욕을 하는 것이다.[18]

따뜻한 샤워나 목욕은 긴장도 물론 풀어주지만 그 외의 다른 효과도 있다. 수면 주기에 관한 부분에서 얘기한 것처럼 뇌가 잠들려면 심부 체온이 떨어져야 한다. 잠자리에 들기 90분 전에 따뜻한 물로 샤워나 목욕을 하면 몸이 더운 물로 데워졌다가 저절로 식는다. 이 과정에서 전반적인 체온이 낮아져서 잠이 들 정도로 시원함을 느끼게 된다. 시간을 90분으로 정한 이유는 우리 몸이 잠을 자기에 적절한 온도에 적응할 수 있는 시간을 충분히 주기 위해서다. 따뜻한 물로 샤워를 하면 더 편하고 효과적인 수면을 취할 수 있을 뿐만 아니라 10분 정도 빨리 잠드는 데에도 도움이 된다.[19]

❷ 걱정 일기 쓰기

　　　　　심하게 스트레스 받는 일 때문에 잠들지 못하거나 한밤중에 깨는 일이 종종 있을 것이다.[20] 이 문제를 해결할 수 있는 아주 간단한 방법이 하나 있다. 바로 그날의 걱정과 당신을 불안하게 한 일들의 목록을 작성하는 것이다.[21] (자기 전에 전자 기기 화면을 들여다보지 않기 위해 실제 수첩과 연필을 사용해야 한다.) 한 연구에서는 사람들에게 자기 전에 이 간단한 활동을 시키자, 목록을 작성하지 않은 사람들에 비해 빨리 잠들고 훨씬 효과적인 수면을 취한다는 사실을 발견했다.[22]

　　지금 당신이 외우고 있는 전화번호를 떠올려보자. 그 수가 과거와 비교해 많이 줄었을 것이다. 요새는 스마트폰이 전화번호를 대신 기억해주기 때문에 본인이 기억할 필요가 없기 때문이다. 이처럼 우리 뇌는 중요한 정보가 안전하게 저장되었다고 판단하면, 그 정보를 놓아준다. 이와 마찬가지로 우리를 잠 못 이루게 하는 고민과 걱정들을 종이에 펜으로 적어내면, 뇌는 이 정보가 안전하게 저장되었다고 생각해 이들을 놓아줄 것이다. 더 흥미로운 사실은 목록을 더 자세히 작성한 사람일수록 훨씬 더 빨리 잠에 든다는 것이었다. 이 요령을 잘 활용해 스트레스와 걱정, 할 일 목록을 종이에 적어 뇌의 부담을 줄이고 숙면을 취해보자.

❸ 스마트한 모든 것의
전원 끄기

고속도로를 시속 130킬로미터로 달려 집에 도착한 뒤, 그 속도를 계속 유지하면서 차고에 차를 넣었다고 상상해보자. 상상만으로도 이는 현명하지 못한 행동이다. 하지만 그게 바로 우리가 잠자리에 들기 직전까지 벌이는 일과 같다. 우리는 늘 스마트폰을 확인하고, 일을 마무리하고, 마지막 순간까지 이런저런 집안일을 처리하다가 자러 가지 않는가. 일과와 수면 시간 사이에 완충지대를 만들어야 한다. 이거 하나만 더 해두면 내일은 스트레스가 덜한 하루가 될 거라고 생각하는 함정에 빠져선 안 된다. 잠을 잘 자두지 않으면 스트레스가 심한 하루를 보내게 될 것이기 때문이다.

수면 시간은 뇌가 스트레스 반응을 재조정하고 우리 마음을 진정시키는 뇌 부위를 충전하는 시간이다. 미국수면의학회에서 발표한 한 연구는 15분간 명상을 하면 수면의 질이 올라갈 수 있다는 걸 보여주었다.[23] 따라서 전자 기기를 멀리하고 가벼운 스트레칭, 음악 감상, 할 일 목록이나 걱정 일기를 쓰는 등 편안한 활동을 하는 것이 수면의 질을 높이는 것으로 나타났다.[24] 바쁜 하루와 평화로운 취침 시간 사이에 속도를 늦출 수 있도록 편안한 활동을 하자.

❹ 루틴 정하기

직장에서 집으로 혹은 집에서 직장으로 차를 몰고 가다가 목적지에 도착한 뒤 '내가 어떻게 여기까지 왔지?'

라고 생각한 적이 있는가? 우리가 딴 데 정신을 팔고 있는 동안에도 우리 뇌는 익숙한 시각적 루틴을 인식하고 자동 조종 모드에 돌입한다. 예를 들어, 뇌는 우리가 항상 보는 거리 표지판 다음에 나올 또 다른 표지판을 무의식적으로 알아차린다. 뇌는 에너지를 낭비하고 싶어 하지 않으므로 일단 이 패턴을 인식하고 나면 의식적인 생각에 힘을 쏟을 필요가 없다고 여긴다.

이 두뇌 트릭을 활용해서 매일 밤 잠자리에 들기 30분 전에 할 일을 정해두자. 앞서 얘기한 것처럼 가벼운 스트레칭을 하거나 고민을 적는 것도 괜찮다. 10년 동안 매일 똑같은 지루한 책을 읽으려고 노력했는데 한 페이지도 못 넘기고 매번 잠들었다고 말하는 이들도 있다. 그건 하루가 끝나고 쉴 시간이라는 걸 뇌에 알려주는 완벽한 신호였던 셈이다. 하지만 똑같은 페이지를 계속 읽고 싶지 않다면 어둑한 방에서 할 수 있는 지나치게 자극적이지 않은 활동을 생각해보라. 이런 편안한 활동은 기분을 진정시킬 뿐만 아니라 곧 잠자리에 들 거라는 신호를 뇌에 보내므로 뇌는 우리를 재우기 위한 자동 조종 모드에 들어갈 것이다.

❺ 침실에 일몰 연출하기

취침 전에 침실과 욕실 불을 다 켜놓고, 또 양치질하는 동안 TV 뉴스를 보는 게 루틴인 사람이 많다. 그들은 자려고 누워 이런 생각에 잠길 것이다. '왜 잠들기까지 30분이나 걸리지?'

이는 바로 잠들지 못하도록 뇌 시계가 맞춰져 있기 때문이다. 대개의 경우 뇌 시계가 멜라토닌 분비를 유발하는 시간과 실제로 잠드는 시간 사이에는 20~35분 정도의 간격이 있다. 침대에 누운 뒤 더 빨리 잠들고 싶다면, 침실에 일몰을 연출해보자. 그러면 뇌 시계가 밤이라는 걸 깨닫고 멜라토닌 분비 과정을 시작할 것이다. 그저 잠자리에 들기 30분 전에 TV를 끄고 조명을 낮추기만 하면 된다. 그리고 책을 읽을 생각이라면 전자 기기로 읽어선 안 된다.《미국국립과학원회보Proceedings of the National Academy of Sciences》에 발표된 한 연구에서는 두 그룹에게 자기 전에 똑같은 이야기를 읽게 했는데, 한 그룹은 스마트폰이나 태블릿 같은 발광 장치를 사용했고 다른 그룹은 진짜 책을 읽었다. 그 결과 두 번째 그룹이 더 빨리 잠들었고 수면의 질도 더 좋았다.[25]

우리가 좋아하는 전자 기기는 햇빛과 비슷한 블루라이트를 방출한다. 스마트폰, 태블릿, 컴퓨터를 사용하면 뇌가 지금이 낮이라고 생각해서 멜라토닌 분비를 지연시킨다. (휴대폰을 내려놓아야 하는 또 다른 이유다.) 또 기기를 통해서 보는 정보가 스트레스를 주거나 스트레스와 관련될 수 있다는 사실 역시 기억하자. 예를 들어, 잠자리에 들기 전에 업무용 휴대폰을 들여다보고 있으면 뇌는 그 휴대폰을 업무 스트레스와 연관시킨다. 그것만으로도 수면을 방해할 수 있다. 미국수면의학회가 발표한 한 연구에서는 잠자기 전에 휴대폰을 들여다본 사람은 배고픔을 강하게 느껴서 취침 전에 여분의 칼로리를 섭취한다는 걸 발견했다.[26] 이는 블루라이트가 뇌를 낮이라고 속이는 탓에,

밤 시간대임에도 낮 동안에 뭔가를 먹도록 설계된 배고픔 관련 메커니즘이 발동하는 것이라 볼 수 있다.

⑥ 적절하게 물 마시기

미국수면재단은 체중을 기준으로 대부분의 여성은 매일 약 2.7리터, 남성은 약 3.7리터의 수분을 섭취해야 한다고 권고한다. 탈수증은 수면에 부정적인 영향을 미칠 수 있다. 콧구멍이 바싹 마르면 코 고는 소리가 커져서 본인은 물론이고 가까운 거리에 있는 다른 사람들까지 깨울 수 있다. 또한 근육에 수분이 충분하지 않으면 경련이 일어나서 그 고통 때문에 잠이 깰 수도 있다.

그렇다고 잠자기 전에 물을 많이 마시는 게 정답은 아니다. 밤새 화장실에 가려고 몇 번씩 일어나는 것도 수면에 좋지 않다. 필요한 수분량을 종일 조금씩 나눠서 마셔야 한다. 밤에 화장실에 가려고 자주 깨는 편이라면 잠자기 약 2시간 전부터 수분 섭취를 중단하는 게 좋다. 잠자기 전에 물을 마셔야만 하는 상황이라면, 온종일 꾸준히 물을 마시고 자기 직전에 마시는 양은 작은 컵 하나 정도로 줄이자.

⑦ 완전한 어둠 속에서
잠들기

우리는 스스로 암흑 속에서 자고 있다고 생각할 가능성이 크다. 하지만 사실은 어떨까? 오늘 밤, 잠들기 전에 침실을 둘러보자. 정말 어두운가, 아니면 현대적인 기준에서 어두운 수준인가? 오늘날의 침실은 충전 중인 휴대폰, 야간 조명, TV나 스트리밍 기기, 컴퓨터 등에서 나오는 빛으로 가득 차 있다. 이런 작은 불빛이 빛 공해를 증가시켜서 가장 깊은 수면, 뇌 기능이 강화되는 수면에 도달하지 못한다는 사실이 밝혀진 바 있다. 잠자리에 들기 전에 전자 기기의 플러그를 뽑거나 다른 방으로 옮기자. 암막 커튼을 구입하는 것도 좋은 방법이다. 만약 앞서 소개한 피트 샘프러스를 흉내 내고 싶다면 끄는 게 불가능한 작은 빛들을 검은 테이프로 가려보자.

2022년의 한 연구는 침실에 소량의 빛만 존재해도 건강에 영향을 미치는지 조사했다.[27] 연구에 사용된 빛의 양은 책을 읽을 수 없을 정도로 어두운 수준이었다. 실험 참가자들은 자는 동안 그 작은 빛을 알아차리지 못했고 수면을 방해하지 않는다고 느꼈다고 보고했다. 그러나 이들을 검사한 결과는 달랐다. 작은 불을 켜놓고 잔 사람들은 밤새 그리고 다음 날까지 심박수와 인슐린 저항성이 증가했다. 이들은 밤새 신경계가 활성화되었고 이것이 심혈관계와 신진대사 건강에 부정적인 영향을 미쳤다. 여기서 얻을 수 있는 교훈은, 우리가 빛을 알아차리지 못해도 몸은 알아차린다는 것이다.

가로등이나 이웃집 불빛처럼 우리가 통제할 수 없는 빛이 있다. 그럴 때는 빛을 차단하는 창문 덮개를 설치하거나, 수면용 안대나 깨끗한 수건을 눈에 덮고 자보자. 흥미롭게도 이 연구는 환자가 완전한 어둠 속에서 잠을 잘 경우 특정한 암 치료제의 효과가 더 높아진다는 사실도 밝혀냈는데, 이는 치료 과정에서 최적화된 뇌 시계가 어떻게 긍정적인 효과를 발휘하는지 보여준다.[28]

깨어 있을 때 할 수 있는 4가지 습관

**❶ 전략적으로
알람 설정하기**

아침에 일어날 때 어떤 수면 주기 단계에 있었느냐가 기분에 큰 영향을 미친다. 깊은 수면이나 REM 수면 단계에서 깨어난다면 기분이 별로 좋지 않을 것이다. 얕은 수면 상태일 때 깨는 게 이상적이다. 그래야 가장 활력 넘치고 상쾌한 기분을 느낄 수 있다. 얕은 수면 상태에서 깰 수 있는 한 가지 방법은, 필요한 수면 시간을 계산한 뒤 수면 주기가 자연스럽게 완료될 거라고 생각되는 시간에서 15~20분쯤 뒤에 알람을 맞추는 것이다. 스스로 일어나려고 노력할 수 있는 시간을 충분히 제공하자.

이 방법이 매일 완벽하게 작동하지는 않겠지만, 수면 주기가 완료된 후 얕은 수면 상태에서 일어날 수 있는 날이 많아질수록 기분도 상쾌해질 것이다.

❷ 이른 시간에 집을 나서기

아침에 일어나자마자 밖에 나가 자연광을 쬐면서 그날 밤의 수면을 준비해야 한다. 매일 아침 10~15분씩 밖에서 시간을 보내자. 이렇게 아침부터 뇌 시계를 맞춰두면 밤에 잠드는 게 훨씬 수월할 것이다. 개를 산책시키거나 우편물을 확인하거나 그냥 동네를 가볍게 산책하는 것도 괜찮다.

❸ 뇌 시계 정시에 맞추기

뇌 시계가 지금이 낮이라는 걸 알 수 있도록 종일 창문 근처에 있도록 노력하자. 또 계속 원활하게 작동할 수 있도록 점심시간쯤에 밖에 나가 산책을 하면서 자연광을 더 쬐어보자.

❹ 낮잠은 30분만 자기

기력을 회복하기 위한 낮잠에 전적으로 찬성하지만, 이때도 잘 거라면 제대로 자야 한다. 얕은 수면 주기에 해당하는 30분 이내로 잤을 때 낮잠의 효과가 가장 크다. 그것보다 오래 자면 깊은 수면 상태에 진입하게 되므로 깼을 때 몸도 제대로 가누지 못하고 혼란스러워하게 된다. 프로 운동선수들의 조언에 따라 낮잠 타이머를 30분으로 설정해서 깊은 잠에 빠지지 않으면서 뇌를 강화하고 에너지를 극대화하는 낮잠을 자야 한다. 시카고 불스 같은 NBA 팀들은 에너지, 회복력, 집중력을 최적화하기 위해 경기 전에 팀 전체가 잠깐 낮잠 자는 시간을 마련하기도 한다.[29]

○ 자고 나도 정신이 혼미하다면?

수면 무호흡증 검사를 받자. 수면과 기억력 사이에는 결정적인 연관성이 있다. 수면 무호흡증 환자가 치료를 받지 않으면 일반 인구 집단보다 평균 10년 정도 빠르게 기억력이 감퇴할 수 있다.[30] 수면 무호흡증을 앓는 사람은 밤에 수백 번씩 깨는데 이것 때문에 수면 주기가 망가지고 자는 동안 뇌세포 연결을 강화하는 기억력 향상 과정도 방해를 받는다. 수면 무호흡증이 있는 사람은 2분마다 한 번씩 깨서 기억력에 막대한 피해를 입으면서도 이런 사실을 의식하지 못할 수 있다. 하지만 이를 잘 치료하면 기억력 문제 역시 사라진다.

수면 무호흡증의 증상에 시끄러운 코골이가 포함될 수도 있지만, 코를 곤다고 해서 반드시 수면 무호흡증이 있는 건 아니다. 반대로 수면 무호흡증이 있어도 코를 거의 안 골 수도 있다. 수면 무호흡증 증상 가운데 자주 간과되는 것은 자고 난 뒤에도 편안하다거나 개운한 기분이 들지 않는 증상이다. 이 장에서 소개한 팁을 활용해도 편안한 수면을 취하지 못한다면 수면 무호흡증이 원인인지 파악하는 게 중요하다. 수면 무호흡증은 목의 근육 조직이 약해지거나, 뇌의 조절 장애 등 다양한 이유로 발생할 수 있다. 구체적인 치료법은 무호흡증의 근본 원인에 따라 달라지므로 주치의와 수면 문제를 의논하고 공인된 수면 센터에서 추가적인 검사를 통해 근본적인 원인을 찾아 치료하는 게 중요하다.

당신이 몰랐던 수면의 모든 것

지금부터는 사람들이 '수면'에 관해 가장 많이 질문하고, 오해하고 있는 부분에 대해 이야기하고자 한다.

잠은 얼마나 많이
자야 할까?

우리에게 필요한 수면 시간은 기사나 논문마다 그 수치가 다르게 나와 있다. 결론은 이렇다. 대부분의 경우 건강한 뇌를 유지하려면 7~9시간 정도 자야 하지만, 사람마다 필요한 수면 시간이 다르다. 매우 적게 자고도(하루 4시간 정도) 육체적, 정신적으로 높은 수준의 기능을 발휘할 수 있는 보기 드문 사람들이 있다. 이런 사람들을 숏 슬리퍼short sleeper라고 하는데 유전적인 요인이 있는 것으로 보인다.[31] 진짜 숏 슬리퍼는 전체 인구의 1퍼센트 미만일 가능성이 높다.[32] 자기가 숏 슬리퍼라고 생각하는 사람 중 일부는 사실 수면이 부족한 것이기 때문에 수면 부족으로 인한 모든 문제에 취약하다. 자신이 숏 슬리퍼일 수도 있다고 생각한다면 사실인지 아닌지 판단하기 위해 정직한 평가를 받아봐야 한다.

우리에겐 아침에 일어났을 때 기분이 상쾌하고 기운찬 하루를 보내기에 충분한 수면 시간이 필요하다. 그렇지만 잠을 너무 많이 자는 것도 문제가 있다. 하루에 9시간 이상 잔다면 병원에 가서 검사를 받아봐야 한다. 지나치게 긴 수면은 심장병, 당뇨병, 우울증 같은 질환의 징후일 수 있으며 기억력 문제, 허리와 목 통증, 비만의 위험을 높일 수 있다.

그렇다면 자신에게 필요한 수면 시간을 어떻게 알 수 있을까? 3~4일 정도 시간을 내서 다음과 같은 일을 해보자.

- 카페인과 알코올을 섭취하지 않는다. 카페인의 반감기는 약 5~6시간이다. 이 말은 5~6시간이 지나도 섭취한 카페인의 절반 정도만 몸에서 배출된다는 뜻이다. 그러니 잠을 잘 못 잔다면 오후 2시부터 모든 카페인(커피, 차, 탄산음료, 에너지 드링크 등) 섭취를 중단해보자.
- 잠자리에 들기 전 2시간 동안 전자 기기를 사용하지 않는다.
- 처방받은 것이든 일반 의약품이든 수면제를 복용하지 않는다.
- 피곤하면 잔다.
- 알람을 맞춰두지 않는다.
- 푹 쉬었다고 느끼면 일어난다.

이렇게 나흘 동안 생활하면서 잠잔 시간을 기록해보자. 그게 여러분의 뇌와 몸에 필요한 최적의 수면량이다.

이제 일상생활 속에서 최적의 수면량을 확보하기 위한 조치를 취해야 한다. (아무 도움 없이도 자연스럽게 일찍 일어나는 사람이 아니라면 알람은 필수다.) 출근하는 날에는 일어나고 싶은 시간에 일어날 수 없을지도 모르지만, 취침 시간을 조정하거나 잠드는 데 도움이 되는 일관성 있는 루틴은 얼마든지 구현할 수 있다. 새로운 루틴의 일부로 다음과 같은 방법을 써보자.

- 잠자리에 들기 한 시간 전부터 전자 기기를 끈다.
- 침실에 일몰을 연출한다.
- 자기 전에 부드러운 음악을 듣거나 가벼운 스트레칭, 마음챙김 호흡과

명상 등 긴장을 풀어주는 활동을 한다.

· 불안을 유발하고 심한 스트레스를 안겨주는 생각을 종이에 적는다.

누워 있어도
잠이 오질 않는데요?

　　　　　　　　잠자기 전의 루틴을 마치고 이불 속으로 들어갔는데 20~30분이 지나도록 잠들지 못했다고 가정해보자. 이 상태로 계속 버텨야 할까, 아니면 침대에서 일어나야 할까? 우리 뇌는 패턴과 연상을 학습한다는 사실을 기억하자. 그리고 침대를 잠들지 못하는 장소, 계속 뒤척이면서 걱정에 잠기는 장소로 만드는 패턴과 연상은 절대 원하지 않을 것이다. 그래서 침대에서 어떤 활동을 할 것인지 매우 주의 깊게 선택해야 한다. 세금 계산 같은 스트레스가 심한 일은 절대 침대에서 하면 안 된다.

　　잠이 안 오면 침대에서 일어나자. 조명은 어둑하게 유지하고 전자 기기는 멀리한다. 편안한 음악을 듣거나 앉아서 발가락까지 손을 뻗는 것 같은 가볍고 쉬운 스트레칭을 하자. 신경 쓰이는 일이 있으면 종이에 적어보기도 하고, 지루한 책이나 기사를 읽어보자. 그렇게 15~20분 정도 지난 후 침대로 돌아가서 다시 한번 잠을 청한다면 한결 나을 것이다.

자기 전에
술을 마시는 건 어떨까?

술은 사람을 잠들게 하는 데 매우 효과적이기 때문에 취침 전에 마시는 술을 수면 보조제라고 생각하는 경우가 종종 있다. 뇌는 우리가 계속 깨어 있게 하려고 글루탐산이라는 각성 물질을 만드는데, 알코올은 글루탐산을 파괴해서 졸음을 유발한다. 문제는 알코올이 글루탐산을 파괴한 지 약 4시간이 지나면 뇌가 '글루탐산이 다 어디로 갔지?'라고 의아해한다는 것이다. 그래서 더 많은 글루탐산을 만들어낸다. 다시 말해, 밤 10시에 술을 마셨다면 새벽 2시부터 각성 물질을 만들기 시작해서 잠에서 깬다는 얘기다. 그렇기 때문에 술을 수면 보조제로 사용해선 안 된다. 술은 수면 보조제가 아니다.

수면 추적기의 말을
믿어야 할까?

디지털 수면 모니터나 수면 추적 앱을 확인한 결과 숙면을 취하지 못한다거나 REM 수면을 취하지 못한다고 되어 있으면 어떻게 해야 하느냐고 묻는 이가 많다. 이 문제를 얘기하기 전에 다음 질문에 먼저 답해야 한다. 수면 추적기는 과연 정확할까? 진단을 내리는 데 사용할 수 있을 만큼 정확한 수면 관련 정보를 제공할까? 아니, 그렇지 않다. 사람들은 수면 추적기가 알려주는 정보에 스트레스를 심하게 받지만, 그건 애초에 정확한 정보가 아니다.

수면 추적기는 마케팅이 과학보다 앞선다는 걸 보여주는 사례이며, 자신의 수면 주기를 정확하게 파악할 수 있는 유일한 방법은 공인된 수면 센터에 가서 하룻밤 수면 검사를 받는 것이다.

시차증을 극복하려면
어떻게 해야 할까요?

시차는 뇌 시계는 같은 시간대에 있다고 생각하지만 우리 몸은 다른 시간대에 있을 때 발생한다. 새로운 시간대는 우리 몸에 있는 37조 개 세포의 타이밍과 템포를 엉망으로 만드는 갑작스러운 변화다. 그래서 시차증이 그토록 끔찍한 것이다. 다들 알겠지만, 한때 시차 적응에 좋다고 알려졌던 멜라토닌 보충제는 더 이상 일반 대중에게 권장하지 않는다. 그러니까 약에 의존하지 말고, 새로운 도시에 도착하거나 집에 돌아오면 아침에 일어나자마자 밖으로 나가서 10~15분 정도 자연광을 쬐자. 이것이 뇌 시계를 재설정하고 전신의 세포 오케스트라가 다시 올바른 리듬을 연주하도록 하는 가장 안전하고 효과적인 방법이다. 여러 개의 시간대를 뛰어넘을 때 또 하나 활용할 수 있는 방법은, 여행을 떠나기 며칠 전부터 매일 밤 15분 정도씩 여행할 시간대로 시간을 바꿔놓기 시작하는 것이다.

이것만 기억하자, 'SLEEP!'

지금까지 뇌의 노화를 막고 생산성을 높이는 팁들을 알아봤다. 혹시 너무 많은 내용에 머리가 아프다면 아래의 다섯 글자만 기억하길 바란다. 이를 활용하면 기억력이 증진되고 면역력이 높아지며 노화를 방지하고 자는 동안 뇌 쓰레기가 깨끗이 씻겨나가며 답답하고 잠 못 이루는 밤들이 사라진다. 잠과 관련된 모든 것이 여기 담겨 있다고 해도 과언이 아니다.

S: 일정Schedule

뇌 속의 작은 시계는 스위스 시계처럼 정확하게 돌아가고 싶어 한다. 항상 같은 시간에 자고 일어나는 게 핵심이다.

L: 빛Light

자기 전에 침실에 일몰을 연출하고 전자 기기는 피하자. 아침에 일어난 뒤에는 최대한 빨리 밖에 나가서 자연광을 쬐어야 한다.

E: 운동Exercise

운동은 밤에 잘 자기 위해서 낮에 할 수 있는 가장 좋은 활동 중 하나다. 운동에 대해서는 12장에서 다룰 예정이다.

E: 식사Eating

먹는 음식이 곧 우리를 구성하며, 먹고 마시는 음식은 수면에도 영향을 미친다. 이에 대해 14장에서 자세히 살펴보자.

P: 패턴과 실행Patterns and Practice

이 장에서 소개한 팁을 꾸준히 실행하면 새롭고 건강한 수면 패턴을 확립할 수 있다.

11

뇌에 긍정 회로를 설치하라

스트레스가 건강에 나쁘다는 말은 살면서 귀에 인이 박히도록 들어왔을 것이다. 실제로 과도한 스트레스는 신체적, 심리적으로 큰 부담이 된다. 그렇다면 스트레스가 전혀 없는 삶을 살기 위해 노력해야 할까? 놀랍게도 그 답은 '아니요'다. 오히려 약간의 스트레스는 사람에게 좋다. 적절한 종류의 스트레스는 뇌에 동기를 부여하고 집중력을 높이며 심지어 뇌의 노화를 늦출 수도 있다.

유익한 스트레스는 관리가 가능하며 갑자기 또는 순간적으로 발생한다. 관리 가능한 스트레스는 뇌 쓰레기를 청소한다. 오래되거나 죽은 세포를 청소하고 노폐물과 독소를 제거하여 몸을 깨끗하고 젊게 유지하는 오토파지autophagy라는 프로그램을 실행시킨다. 해결하고 싶은 문제나 여러분을 불안하게 만드는 것들을 생각해보라. 바로 이런 종류의 스트레스가 해마에서 새로운 뇌세포를 성장시킨다. 이처럼 우리가 스트레스를 전혀 받지 않으면 뇌는 점점 망가진다. 반면 신경을 곤두세워 줄곧 뇌에 스트레스를 준다면, 이때도 마찬가지로 뇌는 망가진다. 4장에서 설명했듯이 스트레스를 받으면 코르티솔이라는 호르몬이 분비된다. 만약 그 양이 적고 산발적으로 분비될 경우에는 우리 몸에 좋지만, 이 호르몬에 장기간 노출되면 만성 염증을 유발할 수 있어 위험하다.

여기서 중요한 질문이 대두된다. 뇌의 면역체계가 관리할 수 있을 만큼의 스트레스 적정량을 알아내려면 어떻게 해야 할까? 사람에 따라 다를 테지만, 일단 스트레스를 받을 때 뇌에서 일어나는 일을 살펴봐야 한다.

스트레스 받을 때 뇌는 어떤 모습일까?

5장에서 스트레스 반응을 진정시키고 스트레스, 분노, 불안을 억제하는 뇌 부위인 전전두엽 피질PFC에 대해 얘기했다. 좀 더 깊이 파고들어 보면, 전전두엽 피질은 건강을 유지하기 위해 매일 훈련하고 단련해야 하는 근육과도 같다. 1월 1일 딱 하루만 헬스클럽에 가서 운동해도 1년 내내 건강하다면 좋겠지만, 안타깝게도 그건 불가능하다. 전전두엽 피질을 관리하는 문제도 마찬가지다. 이를 강하게 유지하려면 꾸준히 관리해줘야 한다. 전전두엽 피질을 강화하고 스트레스를 관리할 수 있는 방법에는 무엇이 있을까?

누군가 스트레스를 받은 여러분에게 "마음 가라앉혀!"라고 말한 적이 있는가? 그 말이 효과가 있었는가? 아마 별로 도움이 되진 않았을 것이다. 오히려 마음을 가라앉히는 효과적인 방법, 즉 스트레스를 관리하는 좋은 방법은 바로 '행복감을 높이는 것'이다.

행복감이 고조되면 불안, 우울, 고통 같은 증상이 최소화되거나 줄어든다.[1] 행복이 약간만 증가해도 수명이 연장된다는 연구 결과도 있을 정도다.[2] 행복이 무엇인지를 완벽하게 정의하는 건 쉽지 않지만, 이런 연구에서는 일반적으로 기분이 좋고 긍정적인 감정과 즐거움을 느끼며 삶에 만족하는 것으로 정의한다. 한 연구에 따르면 행복한 노인들은 어떤 원인으로든 사망할 위험이 19퍼센트 낮아진다고 한다.[3] 그냥 "진정해"라고 말하는 게 별로 효과가 없는 것처럼 티셔츠나 커피 잔에 인쇄되어 있는 "행복하자"라는 말도 항상 효과가 있는 건 아니다. 휴식과 행복은 스트레스를 관리하는 데 중요하며 둘 다 노력을 통해 얻을 수 있다.

어떻게 하면 과학적으로 행복감을 높이고 이를 계속 유지할 수 있을까? 사람들에게 행복하도록 가르칠 수 있을까? 사실 행복은 까다로운 문제다. 종종 어떤 목표를 달성하거나 어떤 물건을 손에 넣으면 더 행복해질 거라고 생각한다. 하지만 원하던 물건을 얻거나 목표를 달성해도 행복이 덧없이 지나가거나 바라던 만큼 행복하지 않을 때가 있다. 행복감을 고조시키려면 그런 것 이상의 뭔가가 필요하다.

온갖 계층의 사람(젊은이, 중년층, 노년층, 모든 사회 계층, 다양한 국가) 1만 8000명을 대상으로 진행한 연구에서는 행복을 얻고 유지하는 방법을 실험했다.[4] 참가자들은 하루 동안 무작위로 전송된 문자메시지를 받았다. 메시지는 참가자들에게 세 가지 질문에 답하라고 요청했다.

1. 지금의 기분을 1에서 10까지의 숫자 중 하나로 표현한다면 몇 점인가? (1은 끔찍한 기분, 10은 행복한 기분이다.)
2. 이 메시지를 받기 직전에 무엇을 하고 있었는가?
3. 현재 하는 일에 집중하고 있었는가, 아니면 딴생각 중이었는가?

연구 결과, 사람들은 전체 시간의 50퍼센트는 딴생각을 한다는 걸 알아냈다. 그게 무슨 뜻일까? 여러분 중 절반은 이 책에 집중하지 않고 있다는 뜻이다. 하지만 아직 책에 집중하고 있는 나머지 절반을 위해 말해두자면, 딴생각과 불행 사이에는 놀라운 연관성이 있다. 보통 지금 하는 일에 만족하지 못하면 행복한 생각을 하거나 열대 지방에서의 휴가를 떠올릴 거라고 생각한다. 하지만 생각과 다르게 거의 대부분의 경우, 사람들 머릿속은 불행하고 스트레스 받는 불안한 생각으로 가득 차 있다. 우리가 느끼는 스트레스의 많은 부분은 과거나 미래에 대한 걱정에서 온다. 하지만 현재에 집중해야 더 큰 행복을 느낄 수 있고 스트레스가 줄어든다. 그러면 어떻게 해야 현재에 집중하도록 뇌를 훈련시킬 수 있을까? 우리는 행복해지는 연습을 할 수 있다. 리어나도 디캐프리오Leonardo DiCaprio의 간단한 뇌과학 수업을 통해 이 방법이 어떻게 작동하는지 알아보자.

리어나도 디캐프리오와

세계에서 가장 행복한 남자의 인생 교훈

리어나도 디캐프리오는 〈에비에이터〉라는 영화에서 사업계의 거물이자 조종사인 하워드 휴즈 역을 연기했다. 휴즈는 뇌가 특정한 유형의 활동을 보이는 강박 장애를 앓았다. 디캐프리오는 촬영 기간 내내 출근해서 강박 장애를 앓는 척했다. 강박 장애가 있는 사람들이 하는 일을 하면서 시간을 보낸 결과, 뇌에 변화가 생겼다. 그는 촬영이 끝난 뒤 뇌를 다시 훈련시켜 강박 장애를 극복하기 위해 UCLA 정신과 의사의 도움을 받아야 했다.

디캐프리오의 경험은 우리가 뭔가를 배울 때마다 800억 개의 뇌세포의 일부가 손을 뻗어 연결을 만든다는 걸 보여준다. 그게 바로 학습이다. 배운 걸 연습하면 (새로운 피아노 곡을 연습하든, 테니스를 치든, 뇌과학을 배우든 상관없이) 뇌는 동일한 연결고리에 전기 자극을 가한다. 배운 걸 반복할수록 그 연결이 강화된다. 이 책에서 계속 말한 것처럼, 어떤 일을 더 많이 할수록 연결이 강화된다. 연습하지 않으면 연결고리가 약해져서 기술이 떨어지고, 앞장에서 얘기한 수면 주기 단계도 흐트러질 수 있다. 그러다가 다시 연습하면 연결이 강해진다.

감정도 똑같은 방식으로 기능한다. 특정한 기분 상태에서 시간을 보내면 그 기분과 관련된 뇌세포 연결이 강화된다. 만약 하루 종일 불행해지는 연습을 한다면 불행해지는 데 전문가가 될 것이다. 심지어 만성적인 스트레스를 받는 것에 익숙해질 수도 있다. 반대로 긍정적인 기분으로 지내는 연습을 하면 긍정적인 기분과 관련된 연결이 강화되고 긍정적인 태도를 잘 취하게 된다. 불행한 상태로 지내는 시간이 줄어들기 때문에 불행해지는 능력에 녹이 슨다.

사람들이 행복을 느낄 때, 그들의 뇌는 특정한 패턴을 보인다. 한 연구에서 수천 명을 테스트한 결과 동일한 패턴을 반복적으로 발견했다. 행복한 뇌는 전전두엽 피질로 더 많은 혈액이 흐른다는 것이다. 그중에서 한 피실험자의 전전두엽 피질에 엄청난 양의 혈액이 흐르고 있었다. 그는 세상에서 말하는 가장 행복한 사람이었을까? 물론 본인은 매우 행복하다고 말했다. 그리고 뇌 스캔 결과 역시 그 사실을 보여주고 있었다. 그렇다면 어째서 그는 이렇게 행복한 것일까? 그에게 어떤 사람이냐고 묻자 이런 대답이 돌아왔다. "저는 불교의 승려입니다."[5] 그리고 그는 자신이 매일 명상을 하고 있다고 말했다.

이 연구 결과를 본 전 세계 과학자들은 승려들을 뇌 스캔 기계에 집어넣기 시작했다. 그들은 계속해서 똑같은 패턴을 발견했다. (지금 이 순간에도 뇌 스캐너 안에 들어가 있는 승려가 있을 거라고 장담한다.) 이쯤 되면 여러분도 내가 이 연구 결과를 처음 읽었을 때 했던 생각을 하고 있을지 모르겠다. '흥미롭긴 하지만 현실적으로 생각해봐. 승려들은 나처럼 골치 아픈 문제나 내야 할 청구서가 없잖아. 심지어 세금도 안

낼걸?' 하지만 이런 생각은 잠시 제쳐두자. 승려의 뇌에서 일어나는 일을 이해해야 스트레스 대처 방법에 대한 통찰력을 얻을 수 있기 때문이다.

○ 명상이란 무엇인가?

명상은 뇌가 현재에 집중하도록 훈련시킨다. 명상 유형에는 여러 가지가 있지만, 수행의 필수적인 측면은 마음챙김이다. 마음챙김은 뇌를 현재에 두고 이 순간 느끼는 모든 감정을 수용의 관점에서 바라보도록 한다. 지금 이 순간에 존재한다는 개념이 문자메시지로 설문조사를 했던 행복 연구에서도 등장하고 이 뇌 스캔 연구에도 다시 등장한다는 게 흥미롭지 않은가? 현재에 집중하는 것이 행복과 스트레스 관리에 중요하다는 증거는 더 많다.

과학자들은 승려들이 행복한 뇌 상태에 도달하기 위해 명상을 얼마나 오랫동안 했는지 물었고, 그 결과 3만 4000시간이라는 결과를 얻었다. 하루 8시간씩 11년 반 동안 명상을 한 셈이다. 여러분이 앞으로 11년 반 동안 달리 해야 할 일이 있다면 좋은 소식은 아닐 것이다. 다른 일정을 다 비워야만 가능한 수준 아닌가.

이를 간략하게 요약한 버전은 없을까? 행복한 뇌를 얻으려면 반드시 3만 4000시간 동안 명상을 해야만 하는 걸까? 다행스럽게도 그렇지는 않다. 마음챙김 수행을 통해서도 똑같은 이점을 얻을 수 있다.

마음챙김은 현재 순간에 집중하는 명상의 한 부분이지만, 명상은 마음챙김을 실천하는 방법 중 하나일 뿐이다. 잠시 뒤에 다른 마음챙김 실천 방법에 대해서도 얘기하겠지만, 먼저 하버드에서 진행한 연구부터 살펴보자. 연구진은 마음챙김 수련을 한 번도 해본 적이 없는 사람들을 모집해서 8주 동안 수련을 하게 했다. 그리고 참가자들이 수련을 시작하기 전, 8주의 수련 기간 동안, 그리고 수련이 끝난 뒤의 뇌 사진을 찍었다.[6]

8주 동안 하루에 약 30분씩 마음챙김 수련을 한 참가자들의 뇌는 승려의 뇌와 비슷해 보였다. 우리가 새로운 걸 배울 수 있게 해주는 뇌 부위인 해마가 커졌고, 전전두엽 피질도 점점 더 강해지고 커졌으며 투쟁-도피 스트레스 반응을 관리하는 편도체는 줄어들었다. 마음챙김을 수련한 사람들도 여전히 스트레스를 받긴 했지만, 그걸 잘 통제하고 관리할 수 있게 되었다. 이로써 우리는 내면에 뇌, 기분, 스트레스에 반응하는 방식을 바꿀 수 있는 힘이 있다는 걸 알 수 있다.

《정신신경내분비학》에 발표된 또 다른 연구에 따르면 하루에 25분씩 마음챙김 수련을 한 사람들은 단 3일 만에 코르티솔 수치가 눈에 띄게 감소했다.[7] 25분이 너무 길다고 생각된다면,《의식과 인지Consciousness and Cognition》에 발표된 연구를 참고해보라. 이 연구에서는 하루에 단 10분만 마음챙김 수련을 해도 스트레스가 해소되고 집중력이 향상되는 이점이 있다는 걸 알아냈다.[8] 만성적인 스트레스는 염증을 유발할 수 있는데,《면역학 프론티어Frontiers in Immunology》에 발표된 한 연구에서는 명상, 요가, 마음챙김이 항염증세포를 증가시키고 염증성 면역세포를 줄여서 염증을 감소시킨다는 사실을 밝혔다.[9]

❶ 마음챙김 호흡법

마음챙김 수련법은 다양한데 호흡 훈련이 포함된 것도 있고 아닌 것도 있다. 호흡 운동을 좋아한다면 시간 날 때 언제든지 할 수 있는 간단하고 효과적인 방법이 있다.

속으로 혹은 크게 소리 내어 이렇게 말해보자.

"침착하게 숨을 들이쉬었다가 불안감을 숨과 함께 내뱉자."

"침착하게 숨을 들이쉴" 때는 코로 숨을 들이쉰다.

"불안감을 숨과 함께 내뱉을" 때는 입으로 숨을 내쉰다.

코로 들어갔다가 입으로 나오는 호흡에만 정신을 집중하자.

지금 이 순간에 집중하기가 어렵다면 배에 손을 얹고 5초 동안 호흡에 집중한다. 숨을 쉴 때마다 배가 오르락내리락하는 걸 느끼자.

마음이 이리저리 방황한다면 그게 정상이다. 화를 내거나 스트레스를 받지 말자. 대신 호흡이나 집중 같은 단어를 사용하면서 부드럽게 다시 집중하려고 노력하면 된다. 간단하게 들리겠지만 생각보다 어려워하는 사람이 많다. 30초가 30분처럼 느껴져도 낙담할 필요는 없다. 연습이 조금 필요할 수도 있다. 30초 동안 해낼 수 있다면 자신을 자랑스럽게 여기면서 내일은 30초를 더 늘리도록 노력하자. 헬스클럽에 가서 반복 횟수를 늘리는 것과 같다고 생각하면 된다.

반드시 완벽한 석양이 지는 해변가에 완벽한 스판덱스 의상을 입고 앉아서 마음챙김 수련을 할 필요는 없다. 사람들 한 무리와 함께 둘러앉아서 심호흡을 하며 만트라를 반복할 필요도 없다. 물론 그 방법이 여러분에게 효과가 있다면 아주 좋겠지만, 어떤 사람은 호흡 훈련을 하거나 사람들로 가득 찬 방에서 책상다리를 하고 앉아 있다는 생각만으로 스트레스를 받기도 한다.

호흡 훈련 없이 마음챙김 수련을 할 수 있는 세 가지 간단한 방법이 있다. 마음챙김 식사, 마음챙김 산책, 마음챙김 취미인데, 이 세 가지 모두 오늘 당장 시작할 수 있다.

❷ 온전히 음식에 집중하는
마음챙김 식사

마음챙김 식사는 매 끼니마다 충분히 시간을 들여서 음식의 맛과 식감을 음미하는 것이다. 믿을 수 없을 정도로 간단하게 들리지만, 이 스트레스 해소 전략은 건강한 식단을 꾸리는 데도 중요하다. 스마트폰 화면을 스크롤하면서 식사를 하면 자기가 뭘 얼마나 먹는지 주의를 기울이지 않기 십상이다. 음식에 집중하지 않으면서 먹으면 위에서 뇌로 보내는 배가 부르다는 신호를 놓칠수 있다. 자기가 배 속에 집어넣는 음식에 잠시 집중하는 것은 매 식사나 간식 시간에 마음챙김을 수련할 수 있는 강력하면서도 간단한 방법이며 과식을 막는 추가적인 이점도 있다.

❸ 지금에 집중하는

　마음챙김 산책

　　　　　　걷는 동안 주의를 기울이는 건 매우 간단한 일 같지만, 사람들은 스마트폰에 정신이 팔린 상태에서 걷기 일쑤다. 마음챙김 산책에는 발이 땅에 닿는 느낌과 얼굴에 와닿는 바람을 느끼는 시간도 포함된다. 《심리학 프론티어Frontiers in Psychology》에 실린 한 연구는 하루 20분씩 자연 속에서 걸으면 스트레스 수준이 급격하게 낮아진다는 사실을 알아냈다.[10] 자연이 사람의 마음을 보살필 수 있다는 걸 깨달은 의사들은 스트레스, 불안, 우울증 치료를 위해 '자연'과 함께하는 시간을 처방하기 시작했다.[11]

❹ 좋아하는 일에 집중하는

　마음챙김 취미

　　　　　　마음챙김 취미는 현재에 집중하면서 자기가 하는 일을 즐기는 것이다. 자기가 좋아하는 활동을 찾고, 매일 몇 분씩 아무런 방해 없이 그런 활동을 즐기며 뇌의 스트레스 반응 시스템이 휴식을 취할 수 있게 하자. 그건 뇌와 몸을 위해 우리가 할 수 있는 가장 강력한 일 중 하나다. 이는 너무 쉽게 잊히는 건강 요소지만, 골프를 치면서 자기가 하는 일에 집중하고 긍정적인 마음가짐을 가진다면 그게 곧 마음챙김이다. 반면 골프를 치다가 샷이 잘못 날아갔다고 클럽을 던진다면 그건 마음챙김이 아니다.

마음챙김 외에 뇌가 작동하는 방식에 대한 다른 통찰도 스트레스를 관리하고 긍정성을 찾는 데 도움이 된다.

관점을 바꾸면
인생이 달라진다

보는 관점에 따라 토끼로도 보이고 오리로도 보이는 착시 그림을 본 적이 있을 것이다. 두 사람이 같은 이미지에서 다른 걸 볼 수도 있다. 스트레스도 이런 식으로 작용한다. 동일한 스트레스 상황을 경험한 두 사람이 매우 다른 반응을 보이기도 한다. 스트레스는 사실 꽤 유용할 수 있는데, 정확히 그런 관점에서 스트레스를 바라보도록 뇌를 훈련시킬 수 있다(그림에서 토끼와 오리를 모두 보는 방법을 배울 수 있는 것처럼).[12]

심한 교통 체증에 걸리거나 식료품점에서 줄을 서서 기다리는 동안 받는 약간의 스트레스는 이로울 수 있다.[13] 이런 급성 스트레스나 순간적인 스트레스는 다양한 이유로 뇌 건강에 좋다. 예를 들어, 코르티솔이 빠르게 투여되면 노폐물과 독소를 제거하는 오토파지 과정을 시작할 수 있다. 그러니 다음번에 식료품점에서 '10개 이하 물건 계산대'에 줄을 섰는데 앞에 있는 사람이 고양이 사료 37캔과 서로 다른 쿠폰 37장을 들고 있더라고 욕하지 말자. 그런 이들에게 감사해야 한다. 스트레스에 대한 관점이 바뀌어 스트레스를 유익한 것으로 여기게 된다.

프로 선수와 아마추어 선수를 생각해보자. 경기를 시작하기 직전에는 둘 다 심박수와 혈압이 비슷할 것이다. 둘의 다른 점은, 프로 선수는 "난 준비가 다 됐다"라고 하고 아마추어 선수는 "겁이 나고 분위기에 압도당했다"라고 말한다. 프로 운동선수는 대개 스트레스를 에너지로 활용할 수 있도록 훈련을 받기 때문이다.

스트레스에 대처하는 건 감정을 억누르는 게 아니다. 《감정Emotion》저널에 게재된 한 연구는 감정을 억제하는 것보다 스트레스를 인정하고 그 스트레스를 에너지로 여기는 게 개인에게 훨씬 유익하다고 밝혔다.[14] 예를 들어, 자신에게 이렇게 말해보자.

"이 스트레스는 자연스럽고 정상적이며 내 심장을 뛰게 해. 그러니까 이 한 가지 일(두세 가지가 아니라)에 대한 조치를 취하고 나면 진정한 휴식을 누리게 될 거야."

걱정 시간을 정해두자

걱정하는 것 자체는 잘못된 일이 아니다. 하지만 거기에 시간과 정신적 에너지를 너무 많이 쏟으면 문제가 된다. 걱정에 많은 시간을 할애하고 있다면, 써볼 만한 매우 효과적인 방법이 있다. 걱정을 위한 시간을 따로 마련하는 것이다. 그렇다, 시간을 따로 정해두고(예를 들어, 4시부터 4시 15분까지) 그때는 다른 생각은 하지 말고 걱정만 하는 것이다. 시간이 다 되면 걱정을 멈추고 계속해서 일상을 살아가자.

좋은 성적을 올리기 위해 스트레스 대처의 장인이 되어야 하는 프로 야구 선수들에게서도 교훈을 몇 가지 얻을 수 있다. 그들이 자주 하는 말 중 하나는 "페이지를 넘겨라"다. 어떤 일이 지나가면 그게 현재의 순간을 방해하지 않게 하라는 말이다. (사실 야구는 마음챙김으로 가득 차 있다.) 또 "한 번에 하나씩 공을 던져라"라든가 "지금 경기하지 않는 상대와 마주하지 말라" 같은 말도 있다. 이건 미래에 일어날 일을 미리 걱정하면서 시간을 보내지 말라는 뜻이다. 걱정 시간을 따로 마련한 뒤에도 이와 똑같이 해야 한다. 과거나 미래에 대한 걱정을 인정하고, 페이지를 넘기고, 걱정거리를 놓아버리자.

스트레스에 강해지는 3단계

"지금 이 순간에 집중하라"라고 말하는 건 쉽지만 어느새 부정적인 생각이 머릿속에 스며들곤 한다. 심리학자 릭 핸슨은 만약 사람들이 오늘 내게 아홉 가지 칭찬과 한 가지 비판을 한다면, 밤에 침대에 누웠을 때 아홉 가지 칭찬은 무시하고 하나의 비판에만 집중하게 될 것이라고 말했다.

때로는 부정적인 생각도 발붙일 곳이 있고 우리는 거기에서 교훈을 얻고 발전하기도 한다. 문제는 조상에게 물려받은 투쟁-도피 본능 때문에 우리 뇌가 부정적인 생각에 집착하는 경향이 강하다는 것이다. 그 사실을 인정하는 게 스트레스 관리의 첫 번째 단계다. 그런 경향은 어떻게 발달하게 된 걸까? 잠시 시간을 내서, 아주 오래전의 조상들과 함께 있는 자신의 모습을 상상해보자. 동굴 밖을 내다보면 호랑이가 보인다. 다음에 무슨 일이 일어날 것 같은가? 조상들이 호랑이와 장난을 치거나 아무렇지 않게 호랑이 등에 올라타는 모습을 상상했다면, 그들은 살아남아서 자신의 유전자를 물려주지 못했을 것이다. 우리는 최악의 경우를 생각하면서 스트레스를 받고 부정적인 생각을 하는 이들의 후손이다. 진화에서 행복은 생존만큼 중요하지 않았다. 진짜 위험(예를 들어, 호랑이와 같은)을 인식하는 것과 부정적인 생각에 집착하는 게 똑같다는 얘기는 아니다. 하지만 우리 뇌가 무섭거나 스트레스를 받거나 불쾌한 것에 우선순위를 두고 집중하는 건 다 그만한 이유가 있어서다.

스트레스 관리의 두 번째 단계는 뇌가 부정적인 것에 초점을 맞춘다는 사실을 인정하는 것이다. 이걸 부정 편향이라고 한다.[15] 부정적인 생각에는 아무 문제가 없다. 문제는 우리가 그것에 연연하고 놓지 않을 때 생긴다. 그러면 부정적인 생각이 결국 더 많은 스트레스로 이어지고 때로는 감당할 수 없을 정도로 커진다.

세 번째 단계는 우리 뇌가 가지지 못한 걸 생각하는 경향이 있다는 사실을 받아들이는 것이다. 조상들은 자기가 가지지 못한 것에 집중하고 혁신해 문제를 해결했다. 이런 성향은 도움이 될 수도 있지만 반대로 함정이 될 수도 있다. 만약 누군가 당신에게 아이스크림을 골라보라고 했다면, 아이스크림을 먹는 동안 여러분의 뇌는 '이것 말고 민트 초콜릿 칩을 먹을 걸 그랬어' '더블 퍼지 레인보우는 무슨 맛인지 궁금하네' '오늘은 요거트 맛을 먹었어야 했는데' 같은 생각을 하기 시작할 가능성이 높다. 우리 뇌는 자연스럽게 우리가 가지지 못한 모든 것에 대해 생각하면서 지금 손에 들고 있는 걸 무시한다.

어떻게 해야 우리의 자연스러운 성향을 부정적인 생각에서 긍정적인 생각으로 바꿀 수 있을까? 한 가지 방법은 감사를 실천하는 것이다. 감사의 실천은 뇌가 긍정적인 것에 초점을 맞추고 부정 편향을 재조정하도록 도와준다. 《커뮤니케이션 리뷰Review of Communication》에 발표된 한 연구는 감사와 웰빙 사이에 긍정적인 연관성이 존재한다는 걸 발견했다.[16] 부정적이고 스트레스가 많은 생각에서 긍정적인 생각으로 초점을 전환하기 위해 다음과 같은 방법을 시도해보자.

1. 종이 가운데에 세로선을 긋는다.
2. 왼쪽 절반에 여러분이 스트레스를 받고 분노하는 일을 모두 적는다.
3. 오른쪽 절반에는 감사하는 일을 모두 적는다.

사랑하는 사람과 감사하는 일을 전부 나열하면 목록이 꽤 길어질 수 있다. 오늘 떠오른 태양이나 숨 쉴 수 있는 공기처럼 중요한 것과 평소 당연하게 여기는 사소한 것을 모두 포함시켜야 한다. 이 목록을 앞에 놔두면 뇌의 균형이 재조정되어 평소 무시하던 긍정적인 면에 더 집중하고, 쓸데없이 집착하던 부정적인 측면은 버릴 수 있다.

지금 이곳에 집중하기

현재에 집중하면서 스트레스 수준을 다시 설정하기 위해 어디에서나 할 수 있는 1분짜리 마음챙김 수련법이 있다. 스마트폰을 치운다. 지금 눈에 보이는 것 세 가지를 말한다. 냄새를 맡을 수 있는 것 세 가지를 말한다. 들리는 소리 세 가지를 말한다. 이제 숨을 세 번 깊게 들이쉬었다가 내쉰다.

사진에 담기

최근 매사추세츠 종합병원에서 진행한 연구에 참가한 사람들은 멋진 추억을 떠올리게 하는 사진을 찾아보라는 요청을 받았다. 그리고 그런 사진을 발견하면 그 추억을 하나의 문장으로 요약해서 써보라는 지시를 받았다. 이 간단한 연습을 통해 행복도가 상당히 높아졌고 그 효과는 24시간 동안 지속되었다.

장미, 가시 그리고 꽃봉오리

상황을 넓게 바라보자. 지난 24시간 동안 일어났던 일 가운데 가장 좋은 일을 생각해보자. 그게 여러분의 장미다. 이번에는 지난 24시간 동안 생긴 가장 힘든 일을 생각해보자. 그게 여러분의 가시다. 이제 앞으로 24시간 안에 일어날 거라고 기대하고 있는 구체적인 일을 생각해보자. 그게 여러분의 꽃봉오리다. 2019년의 한 연구에서는 이 방법이 스트레스를 관리하고 행복감을 높이는 데 효과적인 것으로 드러났다.[17]

다시 야구 얘기로 돌아가보자. 조 머스그로브라는 투수가 무안타 경기라는 보기 드문 위업을 달성한 후에 했던 인터뷰를 봤다. 당시 그가 투수로 활약하는 샌디에이고 파드리스는 지금껏 한 번도 무안타 경기를 기록한 적이 없었다. 머스그로브는 무안타 기록에 가까워지고 있던 경기의 마지막 이닝 동안 '이 기회를 날리지 마!'라든가 '아버지가 지켜보고 계신데 실망시키고 싶지 않아' 같은 부정적이고 불안한 생각이 머릿속을 가득 채웠다고 말했다. 그래서 이런 생각을 머릿속에서 밀어내기 위해 자신의 호흡과 바로 다음에 던질 공에만 집중했다고 한다.

뛰어난 성과를 올리는 사람은 부정적인 생각을 하지 않는다고 생각할 수 있지만, 대부분의 사람은 최고 수준의 성과를 올릴 때에도 머릿속에서 끊임없이 전투를 벌이고 있다. 긍정적인 생각에 집중하기 위해 매 순간 노력해야 하고 그럼에도 불구하고 부정적인 생각이 계속 떠오르는 건 정상이다. 우리를 둘러싼 스트레스는 대부분 통제가 불가능하지만, 행복과 스트레스 관리의 전문가가 되기 위해 날마다 뇌와 바람직한 관계를 키워갈 수는 있다.

12

◆운동
매일 7500보를 걸으면
달라지는 것

운동은 뇌를 위한 또 하나의 기적의 영약과도 같다.[1] 만약 운동을 통해 얻을 수 있는 뇌의 이점을 제공하는 약이 개발된다면 그걸 사기 위해 끝없이 긴 줄이 늘어설 것이다. 그래서 이 장에서는 먼저 신체 활동이 정신 활동에 어떻게 도움이 되는지 살펴보고, 앞으로 새 운동기구를 샀다가 창고에서 먼지만 쌓이는 일이 없도록 꾸준히 지속할 수 있는 운동 루틴을 만드는 법을 알려주려고 한다.

운동이 뇌에 매우 좋은 이유 중 하나는 면역체계에 영향을 미치기 때문이다. 2019년에 실시한 분석 결과 운동이 건강한 면역체계에 중요한 역할을 하는 것으로 확인되었다.[2] T세포 같은 면역세포는 비행기와 같아서 끊임없이 날고 있을 때 가장 성능이 좋다. 계속 순환하지 않으면 기능이 떨어져서 바이러스와 다른 감염에 더 취약해진다. 일관된 운동 루틴은 T세포가 계속 활발히 움직일 수 있도록 하며, 일반 감기부터 독감에 이르기까지 모든 병에 감염될 가능성을 낮춘다.

운동이 뇌 건강에 큰 차이를 만드는 또 하나의 중요한 이유는 바로 심장이다. 혈액 순환을 촉진하는 운동이 혈압을 낮추고 심장 건강을 향상시킨다는 사실은 알고 있겠지만, 이는 일상적인 뇌 건강은 물론이고 우울증과 치매 예방에도 필수적이다. 여러 가지 연구를 검토한 결과 운동이 신진대사를 증진시키고 호르몬을 조절하며 신경화학물질의 균형을 맞춘다는 사실이 밝혀졌다.[3] 심지어 운동은 뇌 크기도 늘린다. 심박수를 증가시키는 유산소운동을 하면 뇌의 회백질 양이 늘어나는데, 건강한 회백질은 기억력에 매우 중요하다.[4]

어떤 나이에든 운동이 뇌세포끼리 더 효과적으로 의사소통하게 한다는 증거가 산더미처럼 많다.[5] 뇌세포간의 의사소통이 증가하면 기분이 좋아지고 행복감이 고조되며 심지어 시험에서 더 좋은 점수를 받을 수 있다.[6] 운동이 노화된 뇌에 어떤 영향을 미치는지 살펴보자.《알츠하이머병 저널》에 발표된 한 연구에서는 60세 이상의 성인을 두 그룹으로 나눠서 조사했다. 한 그룹은 1년 동안 유산소운동을 했고 다른 그룹은 스트레칭만 했다. 유산소운동을 한 그룹은 1년 뒤에 기억력 점수가 무려 47퍼센트 증가한 반면 스트레칭 그룹은 기억력이 향상되지 않았다. 유산소운동을 한 그룹의 뇌를 스캔해보니 기억을 저장하고 검색하는 것과 관련된 두 가지 중요한 영역인 전대상피질과 해마로 향하는 혈류가 크게 증가한 것으로 나타났다. 운동을 많이 한 참가자들은 해마의 손상 속도가 느린 반면, 체력 점수가 낮은 참가자들은 뇌세포가 퇴화하는 속도가 더 빨랐다.[7]

《신경학Neurology》에 발표된 놀라운 연구에서도 이와 똑같은 결과가 나타났다.[8] 이 연구는 50세 여성들에게 실내 자전거를 타고 운동을 하도록 한 다음, 이를 지속할 수 있는 시간에 따라 참가자들을 네 개의 그룹으로 나눴다. 가장 건강한 '높은 체력'부터 '중간 체력', '낮은 체력', '체력 테스트를 끝마치지 못함'으로 구분했으며, 40년 후, 연구진은 다음과 같은 사실을 발견했다.

- 높은 체력 그룹에 속한 여성의 5퍼센트가 치매에 걸렸다.
- 중간 및 낮은 체력 그룹에 속한 여성의 25퍼센트가 치매에 걸렸다.
- 체력 테스트를 끝마치지 못한 여성의 45퍼센트가 치매에 걸렸다.

이는 50세 때 신체적으로 매우 건강하다고 분류된 여성들은 체력 검사를 끝마치지 못한 여성들보다 수십 년 뒤에 치매에 걸릴 확률이 90퍼센트나 낮다는 뜻이다. 게다가 높은 체력 그룹에서 치매에 걸린 5퍼센트는 평균 90세부터 치매를 앓기 시작했는데, 다른 그룹들의 경우에는 평균 79세부터 치매를 앓았다는 사실과 비교하면 매우 놀라운 결과다.

또 다른 연구에서 평균 연령이 66세인 남녀 그룹을 조사한 결과 일주일에 2~5번 정도 운동을 한 사람들은 해마의 왼쪽 영역 크기가 대폭 커진 것으로 나타났다.[9] 해마의 왼쪽 부분은 단어와 숫자 기억,

언어 이해와 관련된 의미 기억을 통합하거나 강화하는 일에 관여한다. 실내용 자전거 타기, 걷기, 러닝머신 달리기를 비롯한 모든 유산소운동이 이런 결과를 만들어낼 수 있다.

그렇다면 운동을 얼마나 해야 할까?

중요한 질문이 하나 있다. 뇌를 보호해서 건강한 상태로 유지하려면 운동을 얼마나 많이 해야 할까? 모든 걸 포기하고 철인 3종 경기에 출전할 만큼 훈련을 해야 할까? 다행히 그럴 필요는 없다. 작은 변화로도 큰 영향을 미칠 수 있다는 게 밝혀졌다.

내가 가장 좋아하는 사진 하나는 사람들이 헬스클럽에 갈 때 계단 대신 에스컬레이터를 이용하는 사진이다. 사실 나 역시 그 마음에 공감하기 때문이다. 그러나 만약 계단과 엘리베이터, 에스컬레이터 중 하나를 선택해야 하는 순간이 온다면 다음과 같은 사실을 떠올리자. 2016년에 발표된 한 연구는 19~79세 사이의 사람들 중 엘리베이터나 에스컬레이터보다 계단을 꾸준히 이용한 사람들의 뇌가 남들보다 젊어 보인다는 사실을 발견했다.[10]

운동이 '장기적으로' 뇌 건강을 지켜준다는 사실은 이제 모두 알지만, 그게 전부라고 생각하면 오산이다. 단 한 번의 운동만으로도 차이가 생기기 때문이다. 어떤 연구에서는 10분간 진행된 한 차례의 운동만으로도 해마를 비롯해 집중력이나 문제 해결과 관련된 뇌 영역이 강화된다는 걸 발견했다. 또 단 한 번 운동한 뒤에 기억력 테스트를 실시하자 운동하기 전보다 높은 점수를 받기도 했다.[11] 즉, 간단한 운동이 지적 능력을 향상시키고 그 이점도 즉시 나타난다는 얘기다. 그러니 시험을 잘 보고 싶다거나, 직장에서 능력을 향상시키고 싶거나, 기억력을 높이고 싶다면 그 직전에 몸을 움직여보자.

2022년에 진행된 한 연구는 우울증을 앓는 사람들이 자전거 운동을 한바탕 한 직후에 기분이 좋아졌다는 걸 보여준다.[12] 게다가 심한 우울 장애를 앓는 이들의 경우 일주일에 운동을 딱 1시간만 해도 반복적인 우울증 발병 위험이 줄어드는 것으로 밝혀졌다.[13]

운동을 너무 많이 하는 것도 문제가 될 수 있다는 사실을 명심하자. "고통 없이는 얻는 게 없다"라는 운동 구호를 다시 생각해볼 필요가 있다. 과도한 고통은 과도한 스트레스를 의미하고, 과도한 스트레스는 염증을 의미한다. 적당한 운동량은 활력을 안겨주고 기진맥진하지 않으며 다음 날 또 운동이 하고 싶을 성도의 에너지를 남겨두는 정도를 말한다.

여러 연구에 따르면, 뇌 건강을 위해서는 일주일에 120분 정도 적당한 운동을 하는 게 가장 바람직하다고 한다.[14] 여러분의 목표가 일주일에 5일씩 운동하는 것이라면 하루에 24분씩만 해내면 된다. 여기서 말하는 적당한 운동 강도란 운동하는 동안 대화는 할 수 있지만 노래는 할 수 없는 정도를 말한다.

고강도 운동, 저강도 운동 무엇을 할 것인가

미국심장협회에 따르면 격렬한 고강도 운동은 심박수가 최대 심박수의 약 70~85퍼센트에 이르는 운동이다. 그 정도 수준이면 운동 중에 말도 하지 못한다. 예를 들어 시속 16킬로미터 이상의 속도로 달리거나 자전거를 타는 것이다. 그 외의 운동은 모두 저강도 운동이다.

격렬한 운동을 하면 뇌세포끼리의 의사소통을 돕는 글루탐산과 감마-아미노부티르산이라는 필수 신경전달물질이 증가한다.[15] 그래서 고강도 운동은 정신 건강, 특히 우울증 치료에 필수적이다. 우울증을 앓는 사람은 특정한 신경전달물질과 주요 화학물질의 종류가 남들보다 적을 수 있는데, 운동은 신경전달물질과 뇌세포 성장인자인 뇌유래신경영양인자BDNF 같은 주요 화학물질을 증가시킬 수 있다는 연구 결과가 있다.[16] 뇌는 몸이 계속 움직이도록 해야 하는데 이건 어떤 시험공부보다 어려운 일이다. 그리고 신경전달물질이 증가하면 운동을 하지 않을 때에도 뇌가 더 효과적으로 작동하도록 도울 수 있다.

격렬한 운동은 당뇨병 같은 질환을 관리하는 데도 도움이 된다. 2017년의 한 연구는 단 2주간의 고강도 인터벌 트레이닝만으로도 근육의 포도당 대사와 제2형 당뇨병 환자의 인슐린 민감성이 개선된다는 걸 발견했다.[17]

하지만 약간 격한 운동이 필요하다고 해서 심폐소생술이 필요할 정도로 심하게 할 필요는 없다. 지금보다 격렬한 운동을 할 수 없더라도 하루 종일 활동적으로 움직이는 것만으로 뇌에 큰 도움이 된다.

걷기: 쉽고 이상적인 최고의 운동

영국 카디프 대학에서 진행한 한 연구에서 30년 넘게 수천 명을 추적 조사한 결과 하루에 30분씩 걷는 것만으로도 치매 위험이 약 65퍼센트나 낮아진다는 걸 발견했다.[18] 가장 좋은 게 뭔지 아는가? 그 30분도 연속해서 걸을 필요가 없다는 것이다. 걷는 게 왜 그렇게 효과적일까? 아마 우리 조상들은 음식을 찾기 위해 먼 거리를 걸었을 것이다. 그중 일부는 집으로 돌아가면서 음식을 구한 장소가 어디인지 기억했다. 괜찮은 식량 공급원 위치를 기억하지 못한 사람들(혹은 돌아오는 길에 길을 잃은 사람들)은 아마 그 자신이 먹이가 되어 유전자를 물려주지 못했을 것이다. 우리는 걷고 기억해 살아남은 자들의 후예다.[19]

또 다른 연구에서는 100세까지 사는 데 중요한 요인이 무엇인지 조사했다. 그 목록의 맨 위에 있는 것이 바로 걷기에 적합한 동네에 사는 것이었다.[20]

얼마나 걸어야 할까?

하루 1만 보를 목표로 해야 한다는 말을 들어본 적이 있을 것이다. 하지만 그 숫자는 과학적인 연구를 통해서 산출된 게 아니다. 만보계를 판매하려는 일본의 한 마케팅 대행사에서 1만 보 걷기 목표를 고안한 것이다.

그렇다면 1만 보 걷기가 건강에 좋다는 증거가 있을까? 《미국의사협회저널》에 발표된 한 연구에서는 하루 4000보를 걷는 것과 비교해서 하루 8000보를 걸으면 모든 원인에 의한 사망률이 현저히 낮아진다고 밝혔다.[21] 한편《미국의사협회 내과학》에 실린 다른 연구 내용에 따르면, 나이 든 여성의 경우 하루에 4400보씩 걸으면 2700보를 걸었을 때에 비해 사망률이 낮아진다. 하루에 걷는 걸음 수가 늘어날수록 사망률이 점진적으로 감소하다가 7500보 정도부터 수평을 유지한다.[22]

다시 말해, 하루 7500보 이상 걸어도 문제는 없지만 추가적인 건강상의 이점은 많지 않다는 얘기다. 자기가 몇 걸음이나 걸었는지 추적하는 것도 좋은 동기부여가 될 수 있지만, 일주일에 세 번 40분씩 산책하는 것도 괜찮은 방법이다. 한 연구에서는 이 루틴을 따른 사람들의 해마 크기가 커졌다는 걸 발견했다. 이 산책자들은 기억력이 향상되었을 뿐만 아니라 뇌도 실제 나이보다 1~2년 젊어 보였다.[23]

언제 걸어야 할까?

식사 후에 산책을 하자. 또 먹기 전에도 산책을 하자. 왜냐고? 잠시 우리 조상들에 대해 생각해보자. 스마트폰을 잠깐 만지작거리기만 하면 잠시 뒤 음식이 문 앞에 도착하는 현재와 달리, 두어 세대 전만 해도 음식을 구하거나 준비하려면 시간과 노력이 필요했다. 식재료를 구하고, 요리를 하고, 먹는 과정을 반복하는 게 그날의 목표였던 셈이다. 그러니 음식을 얻으려면 몸을 움직여야 했다. 그렇다. 원래 우리는 먹기 전에 걸었다.

식전에 30분 정도 걸으면 식후에 혈중 지방과 당분량을 낮출 수 있다.[24] 식후에 몸을 움직이면 당분을 근육으로 옮기는 데 도움이 되므로 신진대사 조절에 이롭다.[25] 당뇨병을 치료하지 않으면 치매 발병의 가장 중요한 위험 요소 중 하나가 되는데, 운동은 당뇨병 관리에 필수적이라는 사실을 기억하자. 한 연구에 따르면 노인들이 식사 후에 15분간 산책을 하면 혈당 수치를 조절하고 제2형 당뇨병을 예방하는 데 도움이 된다.[26] 다음에 뭔가를 먹을 때는 그 음식을 얻기 위해 얼마나 많은 노력을 기울였는지 생각하자. 시간을 내서 동네를 잠깐 산책하거나 계단을 오르내리는 것도 뇌에 도움이 될 수 있다.

○ 습관화

매일 운동을 하자. 아니면 적어도 이틀 이상 연속으로 운동을 쉬지 말자. 지속적인 운동은 인슐린 작용을 강화해서 당뇨병 발병 여부에 영향을 미친다. 또 제2형 당뇨병을 앓는 성인은 다양한 운동을 해야 한다. 유산소운동, 균형 운동, 근력 운동을 혼합해서 일주일에 120~150분 정도씩 운동을 하자.[27]

걷는 게 정말
뇌에 도움이 될까?

바살로페트Vasaloppet는 세계에서 가장 오래된 크로스컨트리 스키 경기다. 매년 스웨덴에서 열리는 이 경기는 1520년에 구스타프 바사Gustav Vasa 왕이 적군으로부터 도망쳤을 때의 여정에서 영감을 받았다. 오늘날에는 약 1만~2만 명이 이 연례행사에 참가한다. 몇몇 과학자는 최근 10년 동안 약 20만 명이 참가한 이 경주가 운동이 심장과 뇌 건강에 미치는 영향을 연구할 좋은 기회를 제공할 거라고 판단했다. 데이터를 수집해서 분석한 연구진은 크로스컨트리 스키 선수들은 심장마비와 혈관성 치매 발병률이 낮다는 걸 발견했다. 게다가 우울증 진단을 받을 확률도 절반밖에 되지 않았으며 파킨슨병 발현이 지연되었다.[28]

그렇다면 우리 모두 크로스컨트리 스키를 짊어지고 스웨덴으로 여행을 떠나야 할까? 스웨덴 여행도 물론 근사하겠지만, 연구에 참여한 과학자들은 크로스컨트리 스키를 타는 동안 발이 땅에 닿는 동작이 심장과 뇌를 보호한다고 말했다. 이것은 우리가 걸을 때 일어나는 일과 비슷하다.[29] 발이 땅에 닿으면 압력파가 다리를 타고 올라오면서 뇌로 보내야 하는 적절한 혈액량을 심장에 알려준다.[30]

《영국스포츠의학저널British Journal of Sports Medicine》에 발표된 한 연구는 타인의 도움 없이 독립적으로 생활하고 있는 70~80세 여성들을 조사했다.[31] 연구진은 실험 참가자들의 해마 사진을 찍은 뒤 그들이 6개월간 균형 운동 또는 매주 2시간 정도의 산책 또는 근력 운동을 시도하기 전과 후의 기억력을 테스트했다. 이 운동 가운데 해마 크기에 영향을 미친 건 걷기뿐이었다. 근력 운동과 균형 운동도 뇌에 매우 좋지만, 가능하면 해마 건강과 기억력 향상을 위해 걷기 운동을 포함시키는 것이 중요하다.

이동용 근육과 보여주기용 근육

운동할 때는 '보여주기용' 근육뿐만 아니라 '이동용' 근육도 단련해야 한다는 걸 잊지 말자. '보여주기용' 근육은 우리가 근육을 불룩거리면서 과시하거나 거울로 비춰보는 이두근과 흉근을 말한다. '이동용' 근육은 다리와 등 근육으로 우리가 여기저기로 이동하는 데 도움이 된다. 헬스클럽에 오는 사람들이 다리 운동을 건너뛰는 게 드문 일은 아니지만 그건 큰 실수다. 연구에 따르면 다리와 등 근육이 뇌 기능에 특히 중요하다고 한다.

이런 연관성에 대한 증거 중 일부는 불행히도 이 근육 기능을 상실한 이들에게서 얻을 수 있다. 다발성 경화증과 척수 근위축증으로 걷지 못하는 환자는 정신력이 급격히 쇠퇴하는 경우가 많다. 그 이유가 밝혀진 건 2018년에 《신경과학 프론티어Frontiers in Neuroscience》에 발표된 획기적인 연구 덕분이다. 사람들이 다리로 하중을 견디는 운동을 하지 못하게 되면 뇌의 화학작용에 부정적인 영향을 미친다는 게 밝혀졌다. 체중 부하 운동은 건강한 신경세포를 생성하는 데 꼭 필요한 신호를 보내고, 이 새로운 신경세포는 뇌가 스트레스에 적응하도록 도와주며 뇌의 노화 과정을 늦춘다.[32]

'이동용' 근육의 중요성에 대한 또 다른 근거는 우주에서 얻을 수 있다. 장기간 무중력 상태를 경험하는 우주비행사들은 면역체계에 부정적인 영향을 받는다. 왜일까? 체중 부하 운동이 부족한 것도 한 가지 이유다. 하지만 체중 부하 운동을 꾸준히 하면 면역체계의 균형을 재조정할 수 있다.[33] 만약 당신이 우주정거장에서 운동하는 우주비행사의 사진을 본 적이 있다면 이는 단순히 헬스클럽이 그리워서가 아니다. 자신의 뇌와 면역체계를 보호하고 있는 중인 것이다.

○ 요가를 하면 달라지는 것

《뇌 가소성Brain Plasticity》에 발표된 연구에 따르면 8주간 요가를 하면 뇌가 스트레스에 대처하는 능력이 좋아진다고 한다. 게다가 요가 수행자들은 의사 결정과 주의력 테스트 점수도 높아졌다.[34]

운동을 습관화 법칙, CARS

이쯤 되면 여러분은 이렇게 말할지도 모르겠다.

"그래! 운동이 뇌에 좋다는 건 알겠어. 하지만 운동 계획에서 가장 중요한 게 일관성이라면 어떻게 운동을 계속할 수 있을까? 어떻게 하면 실내용 자전거나 러닝머신이 비싼 옷걸이로 전락하는 일 없이 운동을 습관화할 수 있지?"

우리 가족 중에도 비만과 당뇨 같은 건강 문제 때문에 어려움을 겪는 사람이 있다. 이 사람은 운동의 이점을 잘 알지만, 다른 수백만 명의 사람과 마찬가지로 운동 계획을 꾸준히 지키지 못한다. 새해 결심은 항상 1월 둘째 주에 끝난다. 최근에 뇌과학 기반의 습관 형성 기술을 사용해서 그가 운동 루틴을 유지하도록 도왔다. 비결은 습관 형성을 위한 네 가지 핵심 단계를 지키는 것이다.

C: **신호 보내기**Cue

A: **행동하기**Action

R: **보상 체계 만들기**Reward

S: **함께하기**Support

❶ 신호 보내기

우리는 하루의 대부분(실제로 95퍼센트)을 무의식 상태로 보낸다. 믿을 수 없다고? 집을 나설 때 현관문이나 차고 문을 닫았는지 안 닫았는지 기억이 나지 않는 경우가 얼마나 많은가? 가스레인지 불을 껐는지 안 껐는지 기억이 나지 않아 초조했던 적은? 우리는 평소에 늘 하는 반복적인 행동을 할 때는 제대로 주의를 기울이지 않는다. 뇌가 자동 조종 모드에 돌입하기 때문이다. 그래서 운동을 습관화할 때도 운동을 기본 모드 혹은 자동 조종 모드에 통합하는 게 좋다. 그래야 일이 쉬워지기 때문이다. 좀비처럼 자동 조종 모드로 운동을 해야 한다는 얘기가 아니다! 운동 프로그램을 꾸준히 해나가려면 행동을 취하도록 유도하는 신호를 정해야 한다. 이 신호 시스템은 잠들 때 도움이 되는 신호나 치실을 잊지 않고 할 수 있도록 도와주는 신호를 설정하는 것과 비슷하다.

도움이 되는 신호에는 두 가지가 있다. 시각적인 신호 하나는 매일 산책을 해야 한다는 걸 기억하기 위해 눈에 잘 보이는 곳에 워킹화를 놓아두는 것이다. 걸음 수를 알려주는 스마트워치도 또 다른 시각적 신호가 될 수 있다.

일관된 운동 루틴을 만드는 가장 확실한 방법 하나는 습관 쌓기다. 자기가 이미 가지고 있는 습관을 하나 골라서 그걸 새로운 습관을 만들기 위한 신호로 삼는 것이다. 예를 들어, 대부분의 사람은 칫솔질은 하지만 치실질은 잘 하지 않는다. 습관에 관한 연구 결과, 치실을 칫솔 바로 옆에 놓아두면 치실을 사용하는 습관이 생긴다고 한다.[35] 운동의 경우에도 똑같은 방법을 이용할 수 있다. 매일 아침 마시는 커피나 즐겨 보는 일일 TV 프로그램을 간단한 운동과 연결시켜서 습관을 쌓아올리거나, 일상적인 습관 직전에 새로운 습관을 집어넣는 것이다. 그리고 여기에 시각적인 단서를 결합하고 싶다면 현관 앞에 내놓은 신발 안에 치실을 넣어두자. (농담이다.)

❷ 행동하기

시작하려면 하고자 하는 행동(이 경우, 운동)이 간단해야 한다. 한꺼번에 너무 많은 변화를 시도하다가 결국 아무것도 바꾸지 못한 적이 있는가? 운동도 쉬운 것부터 시작해서 점점 난도를 높이는 게 가장 좋다.

- **TV 광고 시간이나 틀어둔 프로그램이 다음 에피소드로 넘어가기 전에 제자리걸음을 한다.**

- 전화 통화 중에는 서 있거나 걸어 다닌다.
- 쇼핑몰에 가면 입구에서 더 먼 곳에 주차한다.
- 1시간마다 팔 벌려 뛰기를 10번씩 한다(이 운동을 위해 스마트폰 알람을 설정해두면 좋다).

❸ 보상 체계 만들기

운동은 재미있고 보람이 있어야 한다. 그렇지 않으면 뇌가 운동을 습관화하지 않을 것이다. 그래서 기존에 하고 있는 좋아하는 일과 운동 습관을 결합시키는 게 큰 도움이 될 수 있다. 누군가가 "매일 러닝머신 위에서 걷는데 매번 하기 싫어 죽겠다"라고 말하는 걸 들어본 적이 있는가? 러닝머신에서 운동하는 걸 즐긴다면 좋겠지만 너무 힘들다면 그 운동은 버리고 새롭고 즐거운 경험을 찾아보자. 참신함과 새로운 환경은 집중과 기억의 열쇠이기 때문이다. 호숫가의 새로운 산책로를 돌아다니거나 처음 가보는 동네를 걸어보자. 새로운 스포츠를 배워서 즐기는 것도 좋다. 몸이 똑같은 활동에 적응하면 결과가 감소한다. 뇌도 마찬가지다. 그러니 운동을 즐겁고 신선하게 유지할 수 있도록 시야를 넓혀라.

❹ 함께하기

스포츠팀에 적극적으로 참여하는 것이 뇌 건강에 도움이 된다는 연구 결과가 있다.[36] 경기뿐 아니라 사람들과 어울리는 것도 두뇌를 활성화시킨다. 같이 운동할 친구를 찾거나 스포츠팀이나 운동 수업에 참여해보자.

마술 듀오로 활동하는 펜 질레트는 체중을 45킬로그램이나 감량했다. 그는 계속해서 동기를 유지하기 위해 대부분의 사람들은 두려워할 만한 방법을 사용했다. 체중 감량을 하는 동안 매일 자신의 체중을 찍어 소셜 미디어에 올린 것이다. 끔찍하게 들릴지도 모르지만 그 책임감은 매일 새로운 동기부여가 되었다고 한다. 우리 가족은 매일 아침 10분 정도 걸은 뒤 바로 내게 문자를 보낸다. 그 작은 책임감이 운동 습관을 유지하는 데 중요한 역할을 했다.

하지만 운동 습관을 확립할 때도 좋은 날과 궂은 날이 있을 거라는 사실을 알아두자. 꾸준히 계속하는 게 중요하다! 한 번에 40분씩 걸을 시간을 내는 게 너무 벅차다면 하루 세 차례의 짧은 산책(10~15분씩)도 뇌에 상당한 도움이 된다. 습관을 날마다 반복하면 습관이 자리 잡은 뇌세포들 사이의 연결이 점점 강해진다. 그렇게 반복을 통해서 연결이 강화되면 결국 건강한 습관이 형성된다. 그리고 운동은 뇌의 노화를 늦추고 역전시킬 뿐 아니라 매일 뇌가 능력치를 향상시킨다는 사실을 기억하자.[37] 건강한 뇌의 비결은 당신 바로 코앞에 있다. 좋아하는 장소로 걸어가자. 그리고 좋아하는 이들에게 응원받고, 그들과 함께 걷자. 함께하는 것만으로도 뇌는 '건강 보너스'를 받을 것이다. 다음 장에서 그 이유를 알아보자.

13

매일 타인의 안부를 물어라

만찬 모임에 참석하는 게 기억력에 도움이 될까? 55세 이상의 사람들 가운데 만찬이나 기타 사교 모임에 성기적으로 잠식하거나 직접 주최하는 사람은 기억력이 저하될 위험이 낮았다.[1] 그들이 먹은 음식이나 가는 장소 때문이 아니라 다른 사람들과 반복적으로 사회적 관계를 맺은 덕분에 생긴 효과였다.

　사회적 상호작용은 우리의 정신적, 육체적 건강에 얼마나 중요할까? 흡연과 비만은 건강을 위협하는 요인으로 자주 언급된다. 하지만 외로움이 사망률에 미치는 영향은 하루에 담배 15개비를 피우는 것과 동일한 수준으로, 비만보다 더 나쁘다.[2] 외로움은 심장병, 알츠하이머, 우울증, 불안, 고혈압, 뇌졸중, 심지어 조기 사망(75세 이전) 위험까지 증가시킨다. 노인의 경우에는 외로움이 조기 사망 위험을 14퍼센트 증가시킬 수 있다. 또 외로움은 치매 위험도 40퍼센트나 증가시킨다.[3] 이제는 외로움이 잘못된 의사 결정, 주의력과 인지력 저하, 뇌 수축, 노화 등과 관련이 있다는 것도 밝혀졌다.[4]

중요한 사항을 몇 가지 살펴보자. 때때로 외로움을 느끼는 건 정상이지만 나이가 들고 가족과 친구가 죽고 아이들이 집을 떠나면 외로움의 위험성이 더 커진다. 그런 지속적인 외로움은 사회적으로 고립되었다는 기분을 느끼게 한다. 전체 성인의 절반은 외로움을 느낀다.[5] 성인의 약 3분의 1은 사람들과 정기적인 교유를 하지 않는다고 말한다.[6] 그러나 의미 있는 관계를 맺으면 행복이 커진다.

의미 있는 관계란 개인이 좋을 때나 어려울 때나 지지를 받는 관계다. 이 관계는 힘든 일을 겪는 동안에 스트레스의 부정적인 영향을 완화하고 마음이 풍요로워질 수 있도록 돕는다. 또 좋은 기회를 얻는 시기에는 경청을 기반으로 하는 이런 관계가 우리로 하여금 새로운 기회를 받아들이도록 격려하고 개인의 성장을 지원한다.

누구나 의미 있고 오래 지속되는 관계를 맺고 키워나갈 수 있다. 이는 단순히 주위에 더 많은 사람을 둔다고 해서 되는 일이 아니다. 올바른 유형의 관계는 무엇이며, 이런 관계를 맺을 수 있는 방법은 무엇인지 알아야 한다.

외로움과 싸우는 법을 알아보기 전에, 한 걸음 물러나서 중요한 질문을 던져보자. 어째서 외로움은 우리의 정신적, 육체적 건강에 그렇게 놀라운 영향을 미치는 걸까?

외로움은 염증을 증가시키는 유전자를 활성화해서 심장병부터 우울증, 치매에 이르기까지 다양한 질병의 위험을 높인다.[7] 또 스트레스와 투쟁-도피 반응을 증가시키는데, 이때 발생하는 코르티솔 증가가 염증을 일으키는 유전자를 활성화한다는 걸 보여준다.

외로움을 느끼는 요인 중 하나는 고립이다. 물론 고립되어도 외롭지 않을 수 있지만 대부분은 외로움을 느낄 위험을 증가시킨다. 애리조나 대학의 과학자들은 고립이 면역체계에 미치는 영향을 연구하기 위한 기발한 방법을 찾아냈다. 다른 사람들과 완전히 격리될 수 있는 직업인 우주비행사에게로 눈을 돌린 것이나. 놀랍게도 우주비행사들은 우주에서 많은 사람을 접하지 않으면서도 여전히 바이러스로 인한 병에 걸린다. 이 바이러스는 우주비행사의 주변 환경에 있던 게 아니라 그들 몸 안에 숨어 있던 것으로, 평소에는 면역체계 때문에 활동하지 못했던 것들이다. 연구진은 고립이 우주비행사들의 면역체계를 억제해서 바이러스가 활성화된다고 의심했다. 우주비행사보다 많은 피험자 표본을 얻기 위해, 연구진은 남극에서 일하는 사람들을 연구해서 우주에서 생활할 때의 고립감을 복제했다.[8] 이를 통해 추가된 연구 결과에 따르면 고립된 사람들이 지중해식 식단을 먹고, 마음챙김 같은 기술을 통해 스트레스를 관리하며, 짧은 시간 동안 고강도 운동을 하면 면역체계가 더 이상 억제되지 않았다.[9]

무엇이 우리를 외롭게 할까?

전전두엽 피질의 한 영역인 내측전전두엽 피질이라는 곳에 우리의 사회적 네트워크 지도가 보관되어 있다.[10] 누군가를 떠올리면 뇌의 이 부분이 그 사람과의 친밀감을 기준으로 특정한 활동 종류를 보여준다. 예를 들어, 친한 친구를 떠올렸을 때와 그냥 아는 사람을 떠올렸을 때 생각나는 활동 종류가 다르다. 외로운 사람은 친밀감을 느끼는 데 어려움을 겪을 수 있다.[11] 그들은 가까운 사람을 떠올려도 그냥 지인을 생각했을 때와 같은 뇌 활동을 보이는 경향이 있다. 따라서 혼자 있다고 해서 반드시 외로움을 느끼는 건 아니며, 다른 사람들에게 둘러싸여 있어도 여전히 외로움을 느낄 수 있다. 외로움은 얼마나 많은 사람을 아는가가 아니라 그들과 얼마나 가깝다고 느끼는가와 관련이 있다. 이런 친밀감 부족이 염증 발생 위험을 높인다.[12]

우리는 외로움을 '실제 몸이 아픈 것처럼' 받아들일 필요가 있다. 신체적 고통은 우리 몸을 돌보고 치유할 필요가 있다고 몸에서 경고를 보내는 것과 같다. 이처럼 외로움 역시 뇌 건강을 위해 사회적 상호작용이 필요하다고 몸에서 보내는 신호인 것이다.

한 연구에서 외로움을 느끼는 사람의 14~27퍼센트가 유전과 관련이 있다는 걸 알아냈다.[13] 유전으로 인해 외로움을 잘 느끼게 될수도 있지만 환경은 그보다 더 중요한 역할을 한다. 이사, 이혼, 사랑하는 이의 죽음으로 인한 신체적 고립 같은 요인에 의해 외로움이 발생할 수 있다. 또 낮은 자존감이나 남들이 내 말을 들어주지 않거나이해해주지 않는다는 느낌 때문에 야기될 수도 있다.

외로움과 어떻게 싸울 것인가

외로움을 느끼는 건 돌이킬 수 없는 상황이 아니다. 외로움에 종종 동반되는 절망감에서 벗어나는 건 어렵지만, 외로움을 물리치는 데 도움이 되는 방법이 있다.

❶ 가급적이면 대면하자.

외로움을 덜기 위해 소셜 미디어와 페이스북 친구나 팔로워에게 의지해야 할까? 사실 이 질문은 단순히 '예, 아니요'로 답할 수 있는 문제가 아니다. 기술이 외로움을 완화하는 도구가 될 수도 있기 때문이다. 예를 들어, 2021년 연구에서 10대들은온라인상으로 친구, 가족과 이야기를 나누거나 함께 게임을 하면서사람들의 지지를 받고 외로움을 덜 느낀다는 사실이 밝혀졌다.[14]

반면, 그 이전에 진행된 연구에서는 페이스북, 스냅챗, 인스타그램에서 상호작용하는 게 오히려 외로움을 증가시킨다는 결과가 나왔다. 또한 2018년에 한 연구에 참가한 이들은 소셜 미디어를 이용하는 시간이 적을수록 우울증과 외로움을 덜 느낀다는 걸 보여줬다.[15] 핵심은 이 기술을 사용하는 방식이다. 스마트폰이나 다른 기기를 통해 타인과 연결되는 일이 그 어느 때보다 많은 요즘 같은 시대에는 실제 사회적 연결이 온라인 가상 연결로 대체되면서 전보다 훨씬 고립감을 느끼기 쉽다.

데이터에 따르면 소셜 미디어 사용은 흔히 포모증후군을 불러온다. 이는 나만 뒤처지거나 소외되어 있는 것 같은 두려움을 느끼는 증상으로 소셜 미디어를 이용하는 사람에게 전부 나타나는 건 아니지만, 자기가 좋은 기회를 놓치고 있다는 기분을 쉽게 느끼는 사람들에게 종종 찾아온다.[16] 소셜 미디어를 들여다보면 나를 제외한 모두가 샴페인을 마시면서 제트스키를 타는 것처럼 보일 수도 있다. 소셜 미디어는 또 자기가 가진 것보다 가지지 못한 것에 집중하게 한다. 다른 사람의 인스타그램 게시물에 등장한 잔디가 더 푸르게 보이는 경향이 있는 것처럼 말이다(단순히 그들이 멋진 필터를 사용했기 때문만은 아니다).

게다가 우리 뇌는 놀라움과 보상을 좋아한다. 놀라거나 보상을 받으면 뇌에서 도파민처럼 기분이 좋아지는 뇌 화학물질이 방출된다. 뇌는 무엇에 놀라고 보람을 느낄까? 바로 새로운 정보다. 좋은 소식이든 나쁜 소식이든 상관없이 뇌는 새로운 정보를 갈망한다. 왜일까? 우리 조상들을 돌이켜보면, 새로운 걸 배우고자 했던 사람들이 생존에 유리했다. 그들은 주변 환경의 새로운 정보에 주의를 기울임으로써 음식을 모으고 자신을 보호할 새롭고 더 좋은 방법을 알아냈다. 스마트폰, 태블릿, 각종 앱 등이 우리의 뇌를 지배하고 있는 이유가 바로 이것이다. "띵" 하고 울리는 아주 작은 알림음(놀라움)을 따라 스마트폰을 켜면 뇌가 원하는 새로운 정보(보상)가 가득하다. 이 '놀라움과 보상' 조합이 뇌를 매료시키고, 그 결과 우리가 스마트폰에 집착하게 되는 것이다.

조간신문과 저녁 뉴스를 통해 뉴스를 접하던 시절이 기억나는가? 오늘날 우리는 속보가 끝없이 이어지는 세상에 살고 있는데 이는 대부분이 나쁜 소식이다. 나쁜 소식을 접할 때마다 우리 몸은 코르티솔을 분비한다. 나쁜 소식이 많을수록 코르티솔의 양도 늘어난다. 부정적인 뉴스 기사에 광범위하게 노출되면 스트레스가 증가한다.[17] 그리고 이렇게 지속적인 스트레스 상태는 외로움을 느끼게 하는 위험 요소다. 스트레스 때문에 다른 사람들과 멀어지게 되는 경우도 있기 때문이다.

하지만 그렇다고 절벽에서 스마트폰을 던지거나 소셜 미디어에 화를 낼 필요는 없다. 나쁜 뉴스만 강박적으로 확인하는 행동을 피하려면 뉴스와 소셜 미디어를 하루 15분씩만 보는 등 스스로 규칙을 정하자.

기술 발전과 소셜 미디어는 우리가 잘 활용할 수 있다면 오히려 외로움을 극복하는 데 도움이 될 수 있다. 이를 위해서는 먼저 온라인을 기반으로 한 소통의 질이 어떤지를 살피고, 적절한 시간만큼 이용할 수 있도록 제한을 두어야 한다. 또한 온라인으로만 소통하는 것이 아니라, 실제 사람을 만나고 대화하는 '직접적인 상호작용'도 반드시 동반해야 한다. 동영상이나 전화통화, 영상통화 등 얼굴이나 목소리를 직접적으로 보고 들을 수 있는 활동은 정신 건강에도 긍정적인 영향을 미친다고 한다. 페이스타임, 줌과 같은 앱을 잘 활용하는 것도 좋은 방법이다. 또한 온라인 강좌를 듣는 것도 좋다. 52~104세 사이의 사람들을 대상으로 진행한 연구에서는 온라인 운동 강좌에 참여하자 외로움과 사회적 고립감이 감소한 것을 발견했다.[18] 따라서 핵심은 발전한 기술을 사용하느냐 마느냐가 아니라, '어떻게 사용할 것인가'라는 사실을 기억하자.

결론적으로 기술과 소셜 미디어는 적당히 사용하면 확실히 뇌 건강에 도움이 된다. 다만 기술에도 부정적인 요소가 있다는 걸 인식하는 게 중요하다. 마지막 요점으로 소셜 미디어와 기술이 유일한 사회적 상호작용 수단이 되어서는 안 된다. 화면을 통하지 않고 직접 사람들과 접할 수 있는 다른 방법을 찾아야 한다.

❷ 함께한 기억을 더듬어보기

한 연구에서는 사람들이 친구와 가족 중 누구와 함께 있을 때 더 많은 즐거움을 느끼는지 조사했다. (이 연구에서 가족은 같은 집에 사는 사람들로 정의했다.) 연구 결과, 사람들은 가족보다 친구와 시간을 보낼 때 더 행복감을 느꼈다.[19] 가족들에게는 안타까운 소식이다.

사람들이 가족들 곁에서 행복과 기쁨을 느끼지 못하는 이유 중 하나는 그들이 집에서 함께하는 활동에 빨래, 설거지, 쓰레기 치우기, 집안일, 청구서 지불 같은 집안일이 포함될 가능성이 높기 때문이다. 항상 새해 전날처럼 들뜬 분위기로 살 수 없기 때문이다!

우리는 평소 친구에게 "여기 와서 내 신용카드 명세서 좀 검토해 줄래? 그리고 내 광고 우편물도 분류해줘"라고 말하지 않는다. 친구들하고는 재미있는 활동을 함께하는 경향이 있다. 따라서 가족과 함께 하는 일이 늘 집안일이나 각종 잡일뿐인 상황이 되지 않도록 노력을 기울여야 한다.

여러분은 이렇게 말할지도 모른다. "친구든 가족이든 다들 스트레스만 준다고! 그냥 혼자 사는 게 낫겠어." 물론 피해야 하는 유해한 관계도 있지만, 건전한 관계를 잘 유지한다면 좋은 점이 더 많다. 사람과의 관계에서 완벽하기를 추구한다면 계속 실망하게 될 것이다. 잘못된 의사소통, 오해, 의견 충돌은 관계를 악화시킬 수 있다.

그렇다면 우리가 사랑하고 아끼는 사람과 사이가 좋지 않을 때, 그들과 좋은 관계를 유지하려며 어떻게 해야 할까? 이 질문의 답은 과학이 해줄 수 있다. 연구진들이 결혼한 커플을 모집해 두 그룹으로 나눠 실험을 진행했다.[20] 첫 번째 그룹의 부부들에게는 어떻게 만났는지 이야기해달라고 했다. 두 번째 그룹에게도 같은 질문을 했으나, 여기엔 한 가지 다른 내용이 추가되었다. 하마터면 만나지 못할 뻔한 상황도 설명해달라고 한 것이다. "매일 3층에 갔는데 그날은 우연히 5층으로 갔다" "그 모퉁이에서 항상 오른쪽으로 돌았는데 그날따라 왼쪽으로 돌았다" 같은 이야기를 들을 수 있었다.

그러고 나서 모든 부부에게 결혼 만족도를 물어보자, 하마터면 만나지 못할 뻔했던 순간의 이야기를 한 쪽이 만족도 점수가 더 높았다. 이 그룹이 배우자와 만나지 못했을지도 모르는 상황을 생각하려고 뇌를 압박하는 바람에 뇌가 일상적인 상태에서 벗어난 것이다.

뇌가 적응 상태에서 벗어났다는 개념은 뇌는 원래 좋거나 긍정적인 것에는 쉽게 적응하고, 나쁘거나 부정적인 것에는 집착하는 경향이 있다는 생각에 기초한다. 우리는 좋은 일이 생기면 금세 적응하고 넘어간다. 승진이나 목표 달성에 대한 축하는 몇 초에서 몇 시간 안에 끝나지만 실수한 이야기는 수십 년 동안 계속 반복한다. 따라서 뇌가 적응 상태에서 벗어난다는 건 뇌가 긍정적인 부분에 집중할 수 있게 하는 방법인 셈이다. 이 연구의 배경이 된 아이디어는 우리가 특별한 사람을 만났을 때 느낀 순간의 느낌을 쉽게 잊는다는 것이다. 스토리텔링 기법은 뇌가 감사를 느끼도록 독려하고 만족감을 증가시킨다.

○ 돌봄 노동을 하는 사람은 본인부터 잘 돌보자!

승무원들이 비행기에서 안전 수칙을 검토할 때, 비상사태가 발생하면 어린아이나 도움이 필요한 사람에게 산소마스크를 씌우기 전에 자기 마스크부터 써야 한다고 말한다. 어릴 때는 이 말이 조금 가혹하다고 느껴지기도 했다.

어린 자녀나 나이 들고 아픈 가족, 혹은 그 모두를 돌보는 역할을 맡은 사람은 돌봄과 가사가 순조롭게 운영되도록 해야 하는 보이지 않는 노동을 떠맡게 된다.

남을 돌보는 이들의 사고방식은 존경할 만하지만 그들이 본인의 건강과 정서적 요구를 소홀히 하면 오히려 좋지 못한 결과가 발생할 수 있다. 치매에 걸린 배우자를 돌보는 사람은 일반 대중에 비해 병에 걸릴 위험이 높다. 왜일까? 이는 만성 스트레스가 원인이며,[21] 만성 스트레스 반응은 뇌를 수축시켜서 해마를 손상시킨다. 우리는 사랑하는 이들을 돌보고 싶고 또 돌봐야 하지만, 동시에 본인의 건강에도 주의를 기울여야 한다. 그러니 여러분이 남들을 돌보는 역할을 하고 있다면 필요할 때 도움을 요청하고, 모든 부담을 혼자 짊어지지 않으며, 이 책에서 소개하는 자기 관리 방안을 이용해서 만성적인 스트레스의 영향과 싸워야 한다. 자신부터 돌보지 않으면 다른 사람을 돌볼 수 없다.

❸ 분노 버리기 연습

행복감과 만족감을 의식적으로 만들어 낼 수 있다면, 분노와 원망의 감정을 의식적으로 버리는 것도 가능할까? 다른 사람들의 말이나 행동이 의도치 않게 우리의 기분을 상하게 할 때가 있다. 이런 부정적인 감정을 곱씹다보면 코르티솔이 분비된다. 앞서 얘기한 것처럼 만성적으로 코르티솔에 노출되면 스트레스 반응이 증가하고 뇌가 손상될 수 있다. 나이에 상관없이 스트레스가 심한 상황에 잘 적응하고 분노를 잘 흘려보내는 사람이 외로움을 느낄 가능성이 훨씬 낮다는 건 놀라운 일이 아니다.[22] 회복력이 뛰어난 뇌는 스트레스로 인한 구조 변화와 기능 변화를 겪지 않는다. 예를 들어, 코르티솔 분비가 늘어나면 해마가 수축되는데 회복력이 좋은 뇌는 스트레스가 심한 상황에서도 이런 변화가 일어나지 않는다.

여러분은 "그런 부정적인 감정을 버려야 한다는 건 알지만 방법을 모르겠는걸? 운동도 하고 식사도 제대로 해서 회복력 있는 몸을 만드는 건 가능한데 정신적인 회복력은 어떻게 키우는 거지?"라며 의아해할지도 모른다.

15분간의 훈련을 통해 정신적 축, 즉 회복력을 높일 수 있다. 그 방법을 얘기하기 전에 시카고 컵스 이야기부터 살펴보자. 컵스는 108년 동안 월드시리즈에서 우승하지 못했다. 그래서 선수들이 많은 스트레스와 실망감을 느꼈다. 그러던 컵스 선수들이 경기 전 로커룸에서 이 15분 훈련을 하기 시작했고, 이듬해에 월드시리즈에서 우승했다. 물론 그게 유일한 이유라고 말하는 건 아니다. 야구만으로는 15분 훈련에 확신이 서지 않는다면 다음 사례도 참고해보자. 미군은 이 훈련을 한 군인은 스트레스가 줄어들고 회복력이 높아진다는 걸 알게 됐다.[23] 에모리 대학 병원의 간호사와 의사들도 PTSD 치료를 받는 환자나 암 환자처럼 매우 스트레스가 심한 치료를 받는 이들을 돕기 위해 이 훈련을 실시하고 있다.[24] 게다가 이 훈련은 뇌에 가시적이고 측정 가능한 영향을 미친다. 한 연구에서 두 그룹의 참가자들에게 스트레스가 심한 상황을 겪게 한 뒤 뇌를 스캔했다. 회복력 훈련을 한 그룹은 뇌 영역 전반에 걸쳐 연결된 부위가 더 많았다. 이는 뇌 부위들끼리의 소통이 잘 이루어져서 회복력이 높아졌다는 뜻이다.[25]

이제는 납득이 됐길 바란다. 자기 연민과 수용이라고 하는 이 방법은 실제로 효과가 있어서 실생활 속에서 많이 사용된다. 다음과 같은 간단한 세 가지 단계를 통해서 단 15분 만에 시도해볼 수 있다.

1. 여러분이 사랑하는 사람(또는 반려동물)을 떠올리자. 그 감정을 품은 채 5분 정도 앉아 있자.
2. 다른 사람에게 느끼는 그 사랑의 감정을 5분 정도 자신에게 전달하자.
3. 여러분이 못마땅해하는 사람들에게 그 사랑의 감정을 보내자. 여러분이 그들에게 화낼 만하더라도 5분 동안만은 이 감정을 전해보자.

자기 연민을 활용한다면서 왜 세 번째 단계가 포함되는지 의아할 것이다. 얼마든지 화낼 권리가 있는 사람에게 왜 좋은 감정을 보내야 한단 말인가? 혹시 "그들을 위해서가 아니라 나 자신을 위해서 용서하라"라는 말을 들어본 적이 있는가? 이 말은 뇌과학 분야에서 정말 신빙성 있는 말이다. 분노한 상태가 지속되면 코르티솔 같은 호르몬이 만성적으로 분비되어 뇌에 손상을 입힐 수 있기 때문이다. 계속 화가 난 상태라면 시간을 충분히 들여 자기 자신뿐 아니라 다른 사람까지 용서하는 게 중요하다. 그러나 연구진은 3단계 중 2단계를 건너뛸 가능성이 가장 높다는 사실을 발견했다. 참가자들은 사랑의 감정을 키워서 자기에게 상처를 주거나 화가 난 사람에게 보내는 건 괜찮지만, 본인에게 사랑의 감정을 주는 것에는 불편하다거나 징그럽다는 등 다양한 반응을 보였다. 우리는 자기가 잘한 일보다 잘못한 부분에 집중하는 경향이 있다. 이런 태도를 내려놓고 자신에게 더 친절해져야 한다. 그리고 중요한 건 2단계를 건너뛴 사람들은 스캔 결과 뇌의 회복력이 높아지지 않았다는 사실이다.

❹ 지혜로운 사람은
외롭지 않다

　　　　　　　　　지혜도 외로움으로부터 우리를 보호해준다. 이 말이 조금 추상적으로 들릴 수도 있겠지만, 뇌과학 분야에서 말하는 지혜는 공감, 연민, 감정 조절, 자기 성찰 등으로 정의된다.[26] 특정한 뇌 영역은 외로움과 지혜에 서로 반대되는 방식으로 반응한다. 예를 들어 뇌 활동 기록을 확인한 결과 외로운 사람들은 화를 낼 때 측두두정연접부라는 뇌 부위가 활성화된 반면, 지혜로운 사람들은 행복한 감정을 느낄 때 이 부분이 활성화되었다.[27]

　　지혜와 외로움은 장내 미생물 다양성과 영향을 주고받는 것으로 보인다.[28] 이 관계가 놀랍게 느껴질 수도 있지만, 마음과 장의 관계를 생각해보면 감정과 기분이 염증과 장내 세균에 영향을 미치는 건 당연한 일이다.

　　이 장 앞부분에서 설명한 15분 훈련법과 적응 상태에서 벗어나기 위한 스토리텔링 기법을 사용해서 지혜를 쌓아보자. 이 간단한 두 가지 실천 방안은 공감, 연민, 감정 조절, 자기 성찰을 강화하는데, 이는 지혜를 늘리고 심각한 외로움에 효과적으로 대항하거나 예방하는 기술이다.

❺ 목적 찾기

의미 있는 걸 추구하면 뇌에서 기분 좋은 화학물질이 지속적으로 분비되는 경향이 있다. 목적의식이 있는 사람은 외로움을 덜 느낀다.[29] 목적의식은 의미 있는 관계, 멘토링, 그리고 공공의 이익을 위해 노력한다는 기분에서 나온다. 육아, 종교, 자원봉사, 또는 자기 경력에 집중하면서 얻을 수도 있다.

❻ 작은 친절 베풀기

작은 친절을 베풀어서 세로토닌과 엔도르핀 같은 뇌 화학물질이 증가하면 고립감과 외로움이 줄어든다.[30] 한 연구에서는 치매에 걸린 연인을 돌보는 사람이 타인에게 작은 친절을 베풀 경우 고립감과 외로움이 줄어든다는 걸 알아냈다.[31]

작은 친절이란 어떤 걸 말하는 걸까? 다음과 같은 것들이다.

- 다른 사람의 행운을 빌어주거나 안부를 묻는 것
- 보답을 기대하지 않고 칭찬을 하는 것
- 평소에 연락하지 않는 사람에게 전화를 거는 것

요즘 사람들은 문자를 보내는 것보다 전화하는 걸 불편해하지만, 인간의 목소리에는 뇌에 친밀감을 형성하는 요소가 있다. 2021년의 한 연구에서는 사람들에게 한동안 소식을 듣지 못했던 친구에게 연락을 하라고 했다. 대부분의 참가자들은 전화를 거는 게 어색해서 문자를 보내는 걸 선호한다고 말했다. 하지만 전화 통화도 문자나 이메일을 주고받는 것과 거의 비슷한 시간이 걸릴 뿐만 아니라, 참가자들이 전화를 걸었을 때 훨씬 강한 유대감을 느꼈다고 보고했다.[32]

인간의 목소리가 친밀감을 형성한다는 걸 알고 나니, 소리를 들을 수 없는 사람에게는 어떤 일이 일어날지 궁금할 것이다. 지금은 청력이 좋더라도 나이가 들면 청력이 감소한다(특히 남성은 여성보다 청력 손실이 발생할 가능성이 세 배나 높다).[33] 청력과 난청, 그리고 그것이 노화된 뇌에 어떤 영향을 미치는지 잠시 살펴보자.

청력을 잃으면 뇌는 빠르게 늙는다

성인이 된 뒤에 청력을 상실한 사람은 청력 손실이 심할수록 기억력 감퇴, 우울증, 불안을 겪을 위험이 크다는 연구 결과가 있다.[34] 경미한 난청을 치료하지 않은 사람은 난청 증상이 없는 사람보다 치매에 걸릴 확률이 두 배 높고, 청력 손실이 심한 사람의 경우 치매에 걸릴 확률이 다섯 배나 높았다.[35]

청력과 기억력 감퇴의 연관성에는 몇 가지 이유가 있다. 첫째, 청력 상실은 사회적 고립과 참여 및 학습 부족으로 이어질 수 있기 때문이다. 세 가지 모두 뇌 건강에 매우 중요하기 때문에 이런 상황에 처하면 해로울 수 있다. 둘째, 청력이 손실되면 학습, 기억, 소리 처리와 관련된 뇌 영역에 대한 자극이 부족해진다. 뇌는 '사용하지 않으면 기능이 사라진다'라는 원칙에 따라 작동하기 때문에 뇌의 이 부분이 줄어들고 위축될 수 있다. 셋째, 청력이 손실되면 학습과 관련된 뇌의 다른 부분이 이를 벌충하려고 지나치게 애를 쓰게 된다. 그러면 과도하게 사용된 뇌 영역이 지쳐서 인지 능력이 상실될 수 있다.

청력 손실이 뇌 활동을 변화시켜서 뇌 쓰레기가 되는 비정상적인 단백질 생성을 촉진한다는 이론도 있다.[36] 그리고 청력 손실은 시냅스 가소성과 관련된 뇌 화학물질의 감소를 유발할 수 있는데, 이건 세포끼리 의사소통할 수 있는 신경세포 사이의 접합부인 시냅스에서 발생하는 변화다. 시냅스 가소성은 뇌가 새로운 정보를 배우고 새로운 환경에 적응할 수 있게 해준다. 또 청력이 손실되면 사회생활에 참여하기 힘들어서 더 큰 고립감과 외로움을 느끼게 되므로 우울증과 불안감을 겪을 위험도 높아진다.

남의 말을 듣는 것도 중요하지만 남들이 내 말을 들어주는 것도 중요하다. 한 연구에서는 일반적으로 여러 가지 사안이나 자기가 살면서 겪는 문제에 대해 얘기할 사람이 있는 이들이 더 젊고 회복력이 뛰어난 뇌를 가지고 있는 것으로 밝혀졌다.[37]

보청기가 도움이 될까?

보청기를 사용하면 치매 발병 위험이 18퍼센트, 우울증과 불안감이 11퍼센트 줄어든다. 게다가 보청기를 한 사람은 넘어질 위험이 13퍼센트 낮으므로 머리 부상을 입을 가능성도 적다.[38] 보청기를 사용하는 사람의 97.3퍼센트는 인지 기능이 임상적으로 상당히 향상되었다는 연구 결과도 있다.[39] 70세 이후에는 가벼운 청력 손실이 흔하게 발생하지만 제대로 진단되지 않는 경우가 많다. 그리고 놀랍게도 청력 손실 진단을 받은 사람들 가운데 겨우 12퍼센트만 보청기를 사용한다.[40]

보청기를 사용하면 청력이 향상될 뿐만 아니라 뇌도 보호할 수 있다. 보청기가 필요하지만 사용을 거부하는 사람이 있다면, 보청기는 단순히 청력만 향상시키는 게 아니라 뇌도 보호해준다는 사실을 알려주자.

다른 감각들은 어떨까?

청각 외에 다른 감각을 관리하는 것도 외로움과 싸우면서 뇌의 노화를 방지하는 데 도움이 된다. 백내장 수술이 필요해서 받은 사람은 수술 후 10년 동안 치매 위험이 30퍼센트 낮아진다.[41] 시력이 향상된 사람들은 계속 사회생활을 하면서 새로운 정보를 습득하기 때문이다.

냄새와 기억 사이에도 강한 연관성이 있다. 결국 뇌는 비강 윗부분에 있지 않은가. 심지어 후각 검사를 이용해서 치매와 알츠하이머를 진단할 가능성도 있다.[42] 일반적인 냄새 다섯 가지 중 네 가지를 식별할 수 없는 사람은 향후 5년 안에 치매에 걸릴 확률이 두 배 이상 높다.[43] 만약 냄새와 관련된 뇌 부위가 망가지거나 위축되면 뇌의 다른 부분도 노화될 수 있다.

여기서 한 단계 더 나아가고 싶다면 '후각 훈련'을 추천한다. 후각 훈련은 매운 냄새, 과일 냄새, 꽃 냄새, 수지 냄새 등 네 가지 종류의 냄새를 골라서 하루에 두 번씩 약 10초 동안 따로따로 냄새를 맡는 것이다. 이 훈련이 코로나19 같은 감염병에 걸린 뒤에 후각을 회복하는 데 도움이 된다는 증거가 있다.[44] 요컨대 시간을 내서 장미 향기를 맡아보고 음식 냄새도 좀 맡아보자. 이건 마음챙김을 위한 순간일 뿐만 아니라 중요한 감각들을 훈련하는 과정이다. 뇌는 사용하지 않으면 기능을 잃는다는 걸 기억하자. 감각은 외부 세계와 뇌를 연결시키므로 우리가 감각을 사용할수록 뇌의 노화 속도는 느려진다.

가장 중요한 건 타인과의 관계다. 우리가 다른 사람들과 잘 연결되어 있다면, 그 연결은 우리의 뇌에서 새로운 연결을 만들어낸다는 사실을 기억하자.

14

◆식습관
무지개 빛깔의 음식을 먹어라

평균적인 인간의 경우 일평생 사는 동안 60톤의 음식이 위장을 통과한다.[1] 우리가 먹는 음식은 염증을 가라앉히거나 증가시킬 수 있고, 체중을 줄이거나 늘리는 데 도움이 되며, 심지어 뇌 기능을 향상시킬 수도 있다. 사실 식이요법은 심장, 면역, 대사 건강뿐만 아니라 우리가 지금까지 논의한 모든 측면, 즉 전반적인 뇌 건강, 기분, 수면, 생산성에 본질적으로 중요한 역할을 한다. 하지만 좋은 음식을 잘못된 방식으로 먹는다면 어떻게 될까? 혹은 잘못된 시간에 먹는다면? 뇌에 영양을 공급하기 위해 해볼 수 있는 간단한 팁들과 식사에서 최대한의 이점을 얻을 수 있는 놀랍고도 새로운 방법들을 살펴보자.

세상에는 복잡하고 제한적이며 심지어 기괴하기까지 한 식단이 어지
러울 정도로 많고, 매주 새로운 유행이나 식사 트렌드가 등장한다. 이
런저런 소음을 다 걸러 듣고 나면, 식단과 장·뇌·면역 건강 개선 사이
의 연관성을 조사한 많은 연구에서 지중해식 식단이 최고라고 주장
한다. 지중해식 식단은 과일과 채소가 가득하고 콩, 견과류, 통곡물이
넘쳐나며 생선, 해산물, 올리브유 같은 좋은 지방으로 이루어진 것이
특징이다. 지중해식 식단은 심지어 알츠하이머병에 대한 유전적 위
험 인자를 가진 사람들의 경우에도 그 발병 위험을 낮췄다.[2]

채소, 과일, 생선, 올리브유, 콩 등 최소한으로 가공한 식품이 풍
부한 DASH(고혈압 예방과 치료를 위한 식이요법) 식단도 있다. 《알츠하
이머 & 치매》에 발표된 한 연구는 지중해식 식단과 심장 건강에 좋
은 DASH 식단을 혼합한 MIND 식단이 알츠하이머병의 발병 위험
을 35퍼센트나 낮출 수 있다는 걸 발견했다. 이 식단을 대충 따르기
만 해도 이 정도 효과가 생기고, 식단을 엄격하게 지킨 이들은 위험률
이 최대 53퍼센트까지 줄었다.[3]

2021년, 러시 대학 메디컬센터에서 MIND 식단 연구를 진행한
연구진은 평균 연령이 81세인 참가자 921명을 6년간 추적 조사한 결
과를 발표했다. 배, 올리브유, 토마토소스, 케일, 오렌지, 그리고 적당
한 양의 와인을 꾸준히 식단에 포함시킨 이들은 알츠하이머병에 걸릴
위험이 38퍼센트 낮았다. (알코올에는 논란의 여지가 있다. 이 문제는 몇 페

이지 뒤에서 다룰 것이다.) 케일, 콩, 차, 시금치, 브로콜리를 꾸준히 먹은 사람은 알츠하이머병에 걸릴 위험이 51퍼센트 낮았다.[4] 왜 이 식단이 효과가 있는 걸까? 우선, 이 식단에 포함된 식품에는 뇌로 확산될 수 있는 염증 위험을 낮추는 플라바놀이라는 강력한 항염증제가 다량 함유되어 있다. 또 이 식단의 음식들은 우리 내장에 있는 37조 개의 박테리아에 영양을 공급한다. 게다가 이 음식은 심장 건강에 좋고 심장과 뇌의 연결에도 도움이 된다.

우리가 식사할 때 함께 먹는 음식이 인지 능력에 영향을 미치기도 한다. 예를 들어, 연구진은 일주일에 한 번 이상 해산물을 먹은 사람은 그러지 않은 사람보다 5년간의 기억 손실 속도가 느리다는 걸 발견했다.[5] 한편《신경학》에 발표된 한 연구에서 피험자들을 12년 동안 추적한 결과, 소시지나 절인 고기 같은 가공육에 감자나 달콤한 과자 같은 녹말 탄수화물을 결합시키면 치매 위험이 증가한다는 걸 알아냈다.[6] "내가 좋아하는 음식은 전부 다 먹지 말라고 하네!"라고 말하는 사람도 있을 것이다. 하지만 절망할 필요는 없다! 똑같은 연구에서 피험자들이 초가공 식품이나 단 음식을 심장 및 뇌 건강에 좋은 음식과 함께 먹은 경우 치매 위험을 낮추는 데 도움이 되었다.[7]

지중해식 식단은 다른 수많은 식단보다 따르기 쉽기 때문에 훌륭한 토대가 되어준다. 너무 제한적인 식단은 대부분의 사람이 지속할 수 없다. 자기가 좋아하는 음식을 제한한다고 생각하지 말고 심장과 뇌 건강에 좋은 음식(생선, 호두, 올리브유 등)을 추가해서 두 가지를 동시에 먹는다고 생각하자. 그렇다고 먹는 음식 양을 두 배로 늘리라는 얘기는 아니다. 포기할 수 없는 음식과 반드시 함께 먹을 몇 가지 지중해 식단을 미리 정해두자.

○ 라테를 좋아해도 될까요?

한 연구에서 하루에 카페인을 261밀리그램 이상 섭취하는 65세 이상 여성들을 10년간 추적 관찰한 결과, 해당 기간 동안 치매에 걸릴 확률이 36퍼센트 낮았다.[8] 카페인 261밀리그램을 섭취하려면 하루에 커피 두 잔 또는 홍차 다섯 잔 이상을 마셔야 하니 꽤 많은 양이다. 특정한 기저 질환을 앓는 사람에게는 카페인이 좋지 않을 수도 있기 때문에 반드시 의사와 상의한 뒤에 실행에 옮겨야 한다.

뇌 건강에 좋은 식단의 기초

이 책 곳곳에서 LDL(나쁜 콜레스테롤)을 제한하고 염증을 조절하며 숙면을 취할 수 있도록 돕는 등 다양한 방법으로 건강을 뒷받침하는 식단의 힘에 대해 얘기했다. 이 장에서는 여러분이 본인의 식습관을 평가할 수 있도록 앞선 내용을 전부 정리해보고자 한다. 현재의 식습관이 뇌를 보호하는 식습관과 일치하지 않는다면, 보다 나은 방향으로 전환하기 위해 작은 변화를 시도할 수 있다. 지금부터 우선시해야 하는 음식(및 영양소)과 제한이 필요한 음식을 먼저 살펴보고 더 나아가 보충제에 관한 내용을 함께 알아보자.

건강한 지방

뇌에는 건강한 지방이 필요하다. 뇌세포는 오메가3라는 지방산으로 덮여 있다. 그 지방은 뇌세포에서 뇌세포로 정보를 전달하기 위해 사용하는 전기신호가 잘 흐를 수 있도록 돕는다. 뇌세포 사이의 전류가 잘 흐를 때, 우리는 뇌가 잘 작동한다고 말한다. 이때 오메가3로 잘 코팅된 뇌세포는 이 전류가 밖으로 손실되는 것을 막고 다음 뇌세포까지 잘 흐를 수 있도록 한다. 하지만 뇌와 신체는 스스로 오메가3를 만들어내지 못한다. 따라서 적합한 음식을 통해 섭취해야 하는데, 건강한 지방의 주요 공급원은 생선, 견과류, 씨앗, 그리고 특정 종류의 기름이다.

아이들에게 일주일에 두 번씩 튀기지 않은 연어 100그램을 먹이자 아이들이 잠을 잘 자고 아이큐 테스트에서도 높은 점수를 받았다.[9] 이건 어른에게도 매우 유익한데,[10] 오메가3가 많이 함유된 기름진 생선(고등어, 청어, 송어, 정어리, 날개다랑어, 연어 등)을 먹으면 심장에 좋고 더 나아가 결국 뇌까지 지켜낸다.

○ 오메가3 함량이 높은 생선

- 연어
- 정어리
- 고등어
- 대구
- 청어
- 송어
- 저지방 참치 통조림

○ 오메가3가 많이 함유된 다른 식품

- 아마씨
- 치아시드
- 아보카도
- 호두
- 방울다다기양배추
- 아마씨유(조리용 외 드레싱으로 추천)
- 올리브유

아마씨와 올리브유도 건강한 지방의 공급원이다. 여기서 주의할 점은 모든 올리브유가 똑같이 만들어지는 게 아니라는 사실이다. 첨가물을 넣지 않고 가공을 최소화한 냉압착 엑스트라 버진 오일이 가장 좋다. 기름을 병에 담은 날짜나 유통기한을 살펴보자. 기름 압착과 섭취 사이의 시간이 짧을수록 심장과 뇌에 더 좋다. 짠 지 얼마 안 된 올리브유를 먹어야 뇌와 심장에 좋다는 얘기다.

건강한 지방 섭취는 필요한 일이지만, 적당량을 조절하며 먹는 것이 중요하다. 지방을 많이 먹으면 총 혈중 콜레스테롤 수치가 높아질 수 있기 때문이다. 지방 역시 앞서 얘기한 당분과 마찬가지로 적당량만을 섭취하도록 하자.

과카몰리를 좋아한다면

과카몰리 애호가들이 기뻐할 소식이 있다. 아보카도는 건강한 지방의 좋은 예다. 2022년에 일주일에 아보카도를 두 개씩 먹으면 심장병에 걸릴 위험이 줄어든다는 연구 결과가 나왔다. 이 연구는 30년이 넘는 기간 동안 10만 명 이상의 사람을 추적 조사해 치즈, 버터, 베이컨 같은 동물성 지방 대신 아보카도를 먹으면 심혈관 질환에 걸릴 위험이 16~22퍼센트 낮아진다는 사실을 알아냈다.[11]

달걀도 좋다

'콜레스테롤'이라는 말을 들으면 달걀을 떠올리는 경우가 많다. 달걀은 건강과 관련해서 가장 논쟁이 많은 식품 중 하나다. 달걀은 식단의 악당이었다가 그다음엔 영웅이 되었다가 다시 악당 신세가 되었다. 지금 이 논쟁은 어디쯤에 와 있는가?

3장에서 말한 것처럼 좋은 콜레스테롤과 나쁜 콜레스테롤이 있다. 우리 몸이 호르몬과 비타민 D를 생성하고 음식을 소화시키기 위해서는 콜레스테롤이 어느 정도 필요하다. 콜레스테롤은 달걀(특히 노른자)뿐 아니라 육류와 치즈에도 들어 있다.

결론은 달걀이 뇌 건강에 좋은 식단의 일부가 될 수 있다는 것이다. 달걀은 적당량만 섭취해야 하는데, 대부분의 사람에게는 하루 한두 개 정도가 적당하다. 그리고 1년에 한두 번씩 혈액검사를 받아서 콜레스테롤 수치를 확인해야 한다. 콜레스테롤 수치가 너무 높으면 달걀 섭취를 줄이거나 흰자만 먹어야 하는지 의사에게 물어보자. 현재 콜레스테롤 수치가 너무 높다면 달걀 섭취에 대해 심장 전문의와 상담해볼 필요가 있다.

건강한 단백질을 챙겨 먹는 법

레고로 금문교나 람보르기니를 재현하는 등 놀라운 작품을 만든 걸 본 적이 있다면, 단백질에 대해 어떻게 생각해야 하는지도 잘 알고 있을 것이다. 단백질은 다양한 조합과 구성을 통해 여러분을 머리부터 발끝까지 만드는 레고 조각이다. 우리는 단백질을 사용해서 호르몬, 학습 및 기억과 관련된 주요 화학물질, 면역체계의 항체를 만든다. 하지만 이런 단백질은 대부분 몸에 저장하거나 직접 만들 수가 없고, 음식을 통해 섭취해야만 한다. 다행히 생선, 달걀, 대두, 고기, 우유, 콩류, 견과류를 비롯해 매우 다양한 공급원에서 단백질을 얻을 수 있다.

주요 단백질 유형 중 하나는 유제품에 함유된 유청 단백질이다. 연구에 따르면 유청 단백질을 보충제로 섭취하면 LDL과 총 콜레스테롤부터 혈압에 이르기까지 모든 걸 낮추는 데 도움이 된다고 한다.[12] 유당불내증이 있는 사람은 유청 단백질이 함유된 무유당 유제품을 선택하면 된다.

또한 좋은 단백질을 가지고 있는 음식에는 대체로 콜린이라는 영양소가 함유되어 있는데, 이는 뇌 건강과 치매 위험을 낮추는 데 아주 중요하다.

먼저, 콜린은 뇌에 플라크 같은 쓰레기가 형성되는 걸 막는다. 그리고 활성화된 소교세포가 건강한 뇌세포를 공격하지 못하도록 진정시킨다. 마지막으로, 뇌는 콜린을 사용해서 뇌세포가 의사소통할 때 필요한 중요한 신경전달물질인 아세틸콜린을 만든다.

식물성 식단이 뇌에 도움이 되긴 하지만 비건 식단과 채식 식단에는 콜린이 부족한 경우가 많기 때문에 우려가 된다. 콜린 함량이 가장 높은 식품은 닭의 간이다. 말만 들어도 속이 안 좋다면 걱정할 필요는 없다. 생선, 닭고기, 돼지고기, 소고기, 달걀, 새우, 콩, 우유, 브로콜리에도 이 중요한 영양소가 들어 있다. 그러니 채식주의 생활을 하고 있다면 콜린 함량이 높은 채소를 의도적으로 식단에 포함시키자.

과일, 채소, 곡물을 현명하게 챙겨 먹는 법

과일, 채소, 곡물이 뇌 건강을 위한 식단에서 중요한 부분을 차지한다는 건 참으로 당연한 이야기다. 중요한 비타민과 무기질, 섬유질을 함유하고 있기 때문이다. 이 식품을 다음과 같은 방법으로 식단에 추가할 수 있다.

- 과일과 채소를 갈아서 강력한 영양 주스를 만든다.
- 채소를 듬뿍 넣은 수프를 먹는다. (통조림 수프에는 소금이 너무 많이 들어가니 주의해야 한다.)
- 달걀 요리와 오믈렛에 채소를 넣는다.
- 오트밀과 시리얼에 바나나와 베리류를 첨가한다.
- 채소가 듬뿍 들어간 국수를 먹는다.
- 피자를 만들 때에도 채소를 넣자.
- 햄버거를 먹을 때 채소를 곁들인다.
- 접시의 반 이상을 채소로 덮었다면 올바른 길로 가고 있는 것이다.

이제 이런 식물성 식품과 이들이 우리 뇌에 좋은 이유를 자세히 살펴보자.

비타민 C

　　　　비타민 C는 백혈구 생성을 돕는 등 면역 건강의 다양한 측면에 관여한다. 백혈구들은 감염으로부터 우리를 보호한다. 비타민 C라고 하면 오렌지를 떠올리는 사람이 많다. 하지만 브로콜리, 키위, 피망, 칸탈루프 중 하나에 오렌지보다 많은 비타민 C가 함유되어 있다고 한다면, 이 중에서 뭐가 정답일까?

　　　　이건 함정 질문이다. 정답은 '전부 다 오렌지보다 비타민 C 함량이 높다'이다. (아무래도 오렌지 회사의 홍보 실력이 매우 뛰어난 모양이다.) 요점은 비타민 C가 면역 건강에 매우 중요하고, 오렌지 외에도 비타민 C가 다량으로 함유된 식품이 많다는 것이다. 비타민 C 하루 권장량은 약 75밀리그램이다. 예를 들어, 딸기 한 컵에는 95밀리그램의 비타민 C가 들어 있다. 흥미롭게도 골드키위를 하루에 4개씩 먹으면 상기도 감염으로 인한 인후통과 두부 울혈이 감소한다는 연구 결과가 있다.[13] 또한 키위는 건강한 노인들의 혈장 내 비타민 C 농도를 증가시켰다.

　　　　그런데 비타민 C가 풍부한 과일과 채소를 우선적으로 섭취하는 건 좋은 일이지만, 이를 보충제를 통해 섭취하는 게 건강에 더 좋다는 근거는 적다. 보충제는 흡수가 어려울 수 있고, 하루에 2000밀리그램 이상 복용하면 소화기관에 문제가 생길 수 있기 때문이다. (다른 보충제에 대해서는 이 장 뒷부분에서 설명할 예정이다.)

프리바이오틱스(식이섬유)

프리바이오틱스는 장내 유익균이 즐겨 먹는 음식이다. (프로바이오틱스와는 다르며, 이는 뒤에서 더 자세히 설명한다.) 장내 유익균에게 프리바이오틱스를 먹이면 유익균이 번식하고 성장한다. 이는 토마토, 아티초크, 바나나, 베리류, 아마씨, 콩류, 병아리콩, 호두, 양파, 마늘, 치커리, 민들레 잎, 아스파라거스, 부추, 통곡물 등에 많이 함유되어 있다.

유익균의 먹이가 되는 주요 성분은 바로 식이섬유다. 식이섬유는 심장 건강, 혈압, 당뇨병 같은 염증 관련 증상에 도움을 주며 LDL 콜레스테롤도 감소시키고 많이 섭취하면 숙면 시간이 늘어난다.[14] 게다가 과일, 채소, 전곡류 같은 프리바이오틱스 식품은 수면에 도움이 되는 화합물을 혈액으로 방출하도록 돕는다.[15] 수용성 식이섬유는 오트밀, 쌀, 귀리기울, 감귤류, 사과, 배, 딸기, 완두콩, 감자, 방울다다기양배추 등에 많이 함유되어 있다.

우리는 식이섬유를 소화할 수 없지만 이들이 장이 도달하면 유익균이 그걸 먹는다. 유익균은 식이섬유를 먹은 뒤에 부티르산을 방출한다. 부티르산은 장의 내벽을 치료하고 보호한다.

유익균에게 공급할 식이섬유가 충분하지 않으면 유해균이 대신 장내벽을 씹어 먹기 시작하면서 염증을 유발한다. 미국인의 식이섬유 일일 권장 섭취량은 여성의 경우 25그램, 남성의 경우 38그램이지만 권장량만큼 섭취하는 사람은 전체의 5퍼센트에 불과하다.[16] 하지만 식단에 식이섬유를 더하는 걸 복잡하게 생각할 필요는 없다. 작은 변화가 큰 영향을 미치니 말이다. 다만 이를 너무 많이 섭취할 경우에도 위장 장애가 생길 수 있으니 주의가 필요하다.

- 일주일에 두세 번은 흰 빵 대신 통곡물 빵을 먹는다.
- 백미를 현미로 바꾸고 보리, 퀴노아, 파로farro 등 통곡물을 먹어보자.
- 식단에 콩류나 견과류를 추가한다.
- 수프나 스튜를 만들 때 신선한 채소나 냉동 채소, 통조림 채소를 좀 넣는다.
- 감자를 껍질째 먹는다.
- 요구르트나 샐러드에 과일, 견과류, 씨앗류를 뿌려 먹는다.

설포라판과
기타 유익한 성분

십자화과 채소(루콜라, 청경채, 브로콜리, 방울다다기양배추, 양배추, 콜리플라워, 콜라드, 케일 등)에는 함께 작용해서 우리 몸과 뇌에 유익한 영향을 미치는 세 가지 성분이 들어 있다. 뇌를 보호하는 설포라판 외에 글루코라파닌과 미로시나아제 화합물이 그것이다. 이들은 발음하기 어렵지만 구하긴 쉽다. 이 세 가지 성분을 모두 활성화시켜 건강상의 이점을 얻으려면 채소를 자르거나 다지거나 씹어야 한다.

《농업식품화학저널Journal of Agricultural Food Chemistry》에 실린 한 연구에서는 익히지 않은 브로콜리에 익힌 브로콜리보다 열 배나 많은 설포라판이 함유되어 있다는 걸 밝혔다. 이런 채소를 삶거나 굽거나 전자레인지에 익히는 건 피해야 한다. 이 채소를 요리하려면 1~3분간 찌기만 하는 정도로 충분하며, 찌는 온도도 140도 이하로 유지해야 한다. 이것보다 온도가 높으면 설포라판이 파괴될 수 있다.

그래도 이런 채소를 요리하는 데 적합한 방법이 두 가지 정도는 있다. 구워서 먹고 싶다면《분자 영양 식품 연구Molecular Nutrition Food Re-search》에 실린 연구 내용을 참고하자. 연구진은 채소를 굽기 전에 미로시나아제가 많이 함유된 겨자씨나 겨자가루를 약간 넣으면 설포라판의 강력한 효과가 증가한다는 걸 발견했다. 미로시나아제를 첨가하면 채소를 구워도 이런 유익한 성분들이 사라지지 않는다.[17] 또 십자화과 채소에 겨자씨, 무, 와사비, 서양고추냉이를 약간 첨가하면 화학반응이 일어나서 설포라판이 보존된다.

설포라판을 충분히 섭취할 수 있는 또 하나의 쉬운 방법은 채소를 잘게 썰어서 요리하기 전에 30~40분 정도 그대로 두는 것이다. 채소를 썰면 설포라판이 활성화된 형태로 방출되고 30분 정도 지나면 주요 화학물질이 안정된다.

여러분도 미국의 전 대통령 중 한 명처럼 브로콜리를 좋아하지 않는다면 차라리 분말 형태의 브로콜리 보충제를 먹는 편이 낫겠다고 생각할지 모른다. 하지만 브로콜리 분말 보충제에는 미로시나아제가 함유되지 않은 경우가 많아서 효과가 없다는 우려가 있다. 그보다는 양배추나 방울다다기양배추를 먹도록 하자.

○ 채소를 먹었는데 도움이 안 된다고?

좋아하지도 않는 채소를 먹었는데 두뇌 강화 효과를 얻지 못한다면 끔찍하지 않을까? 그런데 그런 일이 실제로 일어날 수 있다. 시금치에는 항산화제인 루테인이 풍부하지만, 이는 익히지 않았을 때 가장 많이 섭취할 수 있다. 시금치를 요리하면 뇌를 보호하는 성분이 파괴된다. 놀랍게도 익히지 않은 시금치로 샐러드를 먹는 것보다 훨씬 좋은 방법은 다지거나, 믹서기에 갈아서 스무디를 만드는 것이다. 잎을 자르면 루테인이 더 많이 방출되기 때문이다.[18] 그린 스무디의 두뇌 강화 효과를 더 높이고 싶다면 그릭 요거트 같은 건강한 지방을 약간 넣어서 장에서 잘 흡수되도록 하자.

○ 초콜릿 애호가를 위한 달콤한 소식

카카오 함량이 70퍼센트 이상인 다크 초콜릿에는 항염증 기능을 하는 플라바놀이 많이 함유되어 있다.[19] 작은 조각(우표 크기 정도) 하나만 먹어도 면역체계의 균형을 잡는 데 도움이 된다. 설탕 함량만 잘 확인하자.

피해야 할 음식과 제한해야 할 음식

이제 우리가 먹어야 하는 음식에 대한 기본적인 내용을 다루었으니, 식탁에서 치워야 할 음식은 뭔지 궁금할 것이다. 어떤 걸 절대로 먹지 말라는 얘기는 하지 않을 것이다. 하지만 뇌를 보호하기 위해 제한된 양만 먹어야 하는 특정 음식이 있다.

유해균이 좋아하는
음식을 피해라

2009년부터 시카고 과학기술박물관에 포장되지 않은 트윙키(가운데에 크림이 든 작은 케이크 형태의 과자)가 전시되어 있다는 걸 아는가? 지금도 여전히 먹을 수 있는 상태인 것처럼 보이고 아마 실제로도 가능할 것이다. 하지만 트윙키 같은 음식이 상하는 걸 막아주는 첨가물과 방부제는 우리 몸속의 염증을 증가시키고 소교세포를 혼란스럽게 하므로 장과 뇌에 큰 피해를 줄 수 있다.

패스트푸드는 유해균들이 좋아하는 첨가물과 방부제로 채워져 있다. 《미국임상영양학회지American Journal of Clinical Nutrition》에 발표된 한 연구에서는 사람들에게 전형적인 패스트푸드인 햄버거와 감자튀김을 먹였다. 이때 그룹의 절반은 포화지방으로 조리한 음식을 먹었고, 나머지 절반은 더 건강한 지방인 해바라기유로 조리한 음식을 먹었다. 식사를 마치고 1시간 뒤에 연구진이 참가자들의 집중력과 주의력을 시험한 결과 건강한 지방으로 조리한 음식을 먹은 쪽이 주의력 테스트에서 훨씬 좋은 점수를 받았다.

몇 주 뒤, 기존 참가자들을 다시 데려와서 이번에는 식사를 서로 바꿔서 줬다. 즉, 지난번에 포화지방이 많이 함유된 음식을 먹었던 사람들에게는 해바라기유로 조리한 음식을 주고, 해바라기유로 조리한 음식을 먹었던 그룹에게는 고포화지방 음식을 준 것이다. 그리고 다시 주의력 테스트를 해봤더니 포화지방으로 조리한 음식을 먹은 쪽이 집중력과 주의력 테스트에서 더 나쁜 결과를 얻었다.[20] 우리가 먹는 음식이 이렇게까지 빠르게 뇌에 영향을 미칠 수 있다니 흥미롭다. 과학이 상하지 않는 음식을 만들어냈다는 것도 놀랍지만, 이렇게 과도하게 가공된 음식은 우리 위장이 아니라 트윙키처럼 박물관의 유리 전시실 안에 있는 것이 바람직하다.

첨가당을 피해라

앞에서 당분은 우리의 적이 아니지만 과도한 당분은 적이라고 말한 바 있다. 예를 들어, 과일에도 당분이 들어 있다. 하지만 바나나 같은 과일을 한 조각 먹으면 소량의 천연 당분(중간 크기의 바나나 하나에는 과당이 약 14.4그램 들어 있다)뿐만 아니라 조직 복구, 면역 건강, 신진대사, 근육 기능에 필요한 산화 방지제인 비타민 C, B6, 칼륨과 적절한 양의 식이섬유를 섭취하게 된다. 식이섬유는 당분이 혈류로 방출되는 속도를 늦춰 포만감이 더 오래 유지된다. 2021년의 한 연구는 하루에 과일을 2인분씩 먹으면 0.5인분을 먹는 사람에 비해 제2형 당뇨병 발병 위험이 36퍼센트 낮아진다는 사실을 발견했다.[21] (과일 주스가 아닌 과일을 먹어야만 이런 효과가 나타난다. 과일 주스는 보통 당분은 더 많고 식이섬유는 더 적다.)

그와 대조되는 예를 하나 들자면, 탄산음료 한 캔에는 무려 44그램의 당분이 함유되어 있는데 대개 고과당 옥수수 시럽 형태의 당분이다.[22] 사실 그렇게 많은 당분을 액체로 녹일 수 있다는 것도 놀라운 일이다. 탄산음료 한 캔에서 들어 있는 것과 같은 양의 당분을 섭취하려면 바나나 세 개는 먹어야 한다.

미국심장협회에서 허용하는 일일 첨가당 섭취량은 남자의 경우 최대 7~8작은술, 여자의 경우 5~6작은술이다.[23] 1800년대 초반의 미국인들은 평균적으로 5일마다 45그램, 즉 9작은술 정도의 당분을 섭취했다. 오늘날의 평균적인 미국인은 매일 22작은술의 첨가당을 섭취하는데 이는 일일 한도량의 네 배에 가깝다. 이걸 다 더하면 일생 동안 약 1588킬로그램의 당분을 섭취하는 셈인데, 자그마치 스키틀즈 200만 개에 해당되는 양이다. 아무리 스키틀즈를 좋아한다고 하더라도 너무 많다.

자기가 아무리 조심해도 섭취하는 당분량은 쉽게 늘어난다. 일반적으로 포장 식품에는 당분이 슬쩍 들어가 있기 마련이다. 한때 지방이 '나쁜' 식품으로 여겨지던 시절이 있었는데, 당시 식품업계는 무지방 식품을 출시하는 방법으로 대응했다. 이제 우리는 올리브유와 견과류, 생선, 아보카도에 포함된 건강한 지방이 뇌 기능을 강화하고 뇌를 보호하는 슈퍼푸드라는 사실을 알고 있다. 지방에는 풍미가 있기 때문에 지방을 빼면 다른 뭔가로 대체해야 한다. 식품업계는 당시에 지방 대신 당분을 쓰기로 결정했다. 그래서 우리가 일상적으로 선택하는 상품들에는 많은 양의 설탕이 들어 있다.

- 무지방 초콜릿 우유에는 설탕이 10작은술 첨가되어 있다.
- 향이 첨가된 무지방 요거트의 99퍼센트에는 31그램, 즉 6작은술의 당분이 들어 있다.
- 저지방 아이스크림콘에는 당분 6작은술이 포함되어 있을 수 있다.

다시 말해, 건강에 더 좋은 제품을 고르고 있다고 생각할 때도 그 안에 당분이 몰래 첨가되지 않았는지 몇 번씩 확인해봐야 한다. 그리고 이건 심지어 다른 이름으로 숨겨져 있는 첨가당은 포함하지도 않은 수치다. 특정한 종류의 그라놀라 바, 바닥에 과일 시럽이 깔려 있는 요거트, 영양가 높아 보이는 시리얼 등 건강에 좋다고 광고하는 많은 제품에는 다량의 당분이 포함되어 있다. 당분 함량을 확인하기 위해 성분 목록을 살펴보지만 그것만으로는 부족하다. 당분은 어디에 숨겨져 있을까? 성분 목록에서 다음을 찾아보자.

- 포도당
- 과당
- 갈락토스
- 글루코스
- 유당

- 맥아당
- 수크로스

어미가 '－오스·oes'로 끝나는 건 거의 다 당분이다. 또 다음과 같은 시럽이 포함된 제품도 주의해야 한다.

- 아가베 꿀/시럽
- 현미 조청
- 캐롭 시럽
- 옥수수 시럽
- 고과당 옥수수 시럽HFCS

고과당 옥수수 시럽은 중요한 성분이므로 잠시 살펴보도록 하겠다. 제품 포장지에 이 성분이 석혀 있다면 제품을 내려놓고 달아나야 한다. 식품업계는 1960년대에 고과당 제품을 개발하기 위해 미친 과학자들을 고용했다.[24] 이런 유형의 당분은 달고 안정적이며 포장 식품에 사용하기 쉽도록 개발되었다. 이 놀라운 과학적 성과가 어쩌다 보니 우리 몸과 뇌에는 독이 되었다.[25] 이제 우리에게는 고과당 옥수수 시럽이 마이크로바이옴을 파괴하고 염증을 증가시킨다는 데이터가 있다.[26] 캘리포니아 대학 데이비스 캠퍼스에서 진행한 한 연구에서는 고과당 옥수수 시럽이 든 음료가 단 2주 만에 젊고 건강한 사람에게 심혈관계 질환 발생 위험을 높인다는 걸 발견했다.[27]

목록으로 돌아가보자. '-오스'와 시럽 외에 즙(주스)이라는 단어도 조심해야 한다.

- 사탕수수즙 결정체
- 농축 사탕수수즙
- 과일즙
- 과일즙 농축액

그리고 다음과 같은 더 까다로운 것들도 있다.

- 덱스트린
- 당화용 맥아
- 에틸 말톨
- 플로리다 크리스털
- 말토덱스트린
- 보리 맥아
- 블랙스트랩 당밀
- 캐러멜
- 꿀
- 당밀
- 쌀 조청
- 트리클

설탕에 이렇게 다양한 이름이 있을 줄 누가 생각이나 했겠는가? 식품업계의 이런 속임수에 넘어가지 않도록 하자.

과도한 염분을 줄여라

웰빙 분야에서도 소금과 관련해 많은 연구를 하고 있지만, 소금이 우리 건강에 미치는 영향은 그야말로 엄청나다. 한 연구에서 하루에 두 끼를 패스트푸드를 먹었을 때와 동일한 양의 염분이 함유된 음식을 피험자들에게 제공하자, 다들 박테리아 감염을 물리치는 데 더 힘든 시간을 보냈다.[28] 식단 지침에서는 염분 섭취량을 하루에 약 2300밀리그램, 즉 1작은술 정도로 제한하도록 권고하고 있지만 우리가 먹는 음식, 특히 포장 식품과 패스트푸드에는 다량의 염분이 첨가되어 있다.[29]

소금은 이름을 뭐라고 부르든 여전히 소금이다. MSG, 구연산나트륨, 질산나트륨, 제이인산나트륨은 모두 다른 형태를 띤 소금이다. 1인분에 200밀리그램 이상의 나트륨이 함유된 제품은 피하도록 하자. 포장 식품을 살 때는 영양 정보를 확인해야 한다. 식품업계의 또 다른 속임수는 '저염'이라고 적혀 있는 제품에도 여전히 일일 권장량보다 훨씬 많은 양의 염분이 함유되어 있다는 것이다.

뇌가 수면보다 소화를 우선시하는 상황을 만들어선 안 된다! 특히 잠자리에 들기 전에는 초가공 식품(첨가물과 방부제가 많이 든 음식)과 소화가 잘 안 되는 음식(탄수화물이나 전분 함량이 높은 것)을 피해야 한다. 또 향신료가 많이 들어간 음식을 피하고 싶은 사람도 있을 것이다. 맵다고 느끼는 정도는 사람마다 달라서 어떤 사람은 할라페뇨 고추를 껌 씹듯이 먹을 수 있지만 어떤 사람은 페퍼로니를 조금만 먹어도 눈물을 흘릴 수 있다. 매운 음식이 소화불량을 일으킨다면 수면을 방해할 수 있다.

《임상수면 의학저널》에 소개된 한 연구 결과를 보면, 포화지방과 첨가당이 많이 함유된 음식을 먹으면 깊게 자지 못하고 밤에 자주 깬다고 한다.[30]

술을 줄여라

알코올이 뇌와 면역체계에 미치는 영향은 전반적으로 자주 논란이 되는 영역이다. 이 장 앞부분에서 얘기한 MIND 식단에는 하루 한 잔의 레드와인이 포함된다. 약간의 알코올 섭취가 알츠하이머병의 발병 위험을 낮출 수 있다는 증거도 있다.[31] 반면, 다른 연구에서는 술을 조금만 마셔도 뇌의 노화가 가속화될 수 있다고 한다. 예를 들어, 2022년의 한 연구에서는 술을 하루에 한 잔만 마셔도 뇌가 6개월 정도 나이 들어 보인다는 걸 발견했다. 하루에 술을 네 잔씩 마신 사람들의 뇌는 실제 나이보다 10년쯤 더 늙어 보였다.[32] 상반되는 연구 결과에 충격을 받았는가? 우리가 아는 건 과음이나 폭음이 뇌를 손상시키고 면역체계를 억제할 수 있다는 것이다.[33] (남성의 경우 일주일에 14잔 또는 하루 4잔 이상, 여성의 경우 일주일에 7잔 또는 하루 3잔 이상이다.) 적당한 음주(남녀의 평균 체중을 기준으로 남성은 하루 2잔, 여성은 하루 1잔)는 면역체계에 부정적이든 긍정적이든 많은 영향을 미치지 않는 듯하다. 소규모로 진행된 몇몇 연구 결과는 적당한 양의 알코올이 면역체계에 도움이 되고 균형을 맞출 수 있다는 것을 보여준다.[34] 레드와인에 함유된 플라바놀은 항염증 기능을 제공할 수 있다.[35]

알코올과 건강 문제에 있어서는, 알츠하이머병과 관련된 기저 질환이나 유전적 위험이 알코올의 부정적인 영향을 더 악화시킬 수 있기 때문에 이를 잘 고려하는 게 중요하다. 예를 들어, ApoE4 유전자가 있는 사람은 술을 조금만 마셔도 알츠하이머병의 발병 위험이 증가할 수 있다.[36] 한 연구에서는 ApoE4 유전자가 없는 사람의 경우 적당량의 알코올 섭취가 학습 및 기억력 향상과 관련이 있다는 걸 발견했다. 하지만 이 유전자가 있는 사람이 적당량의 알코올을 섭취하는 경우에는 학습 및 기억력이 저하되었다.[37]

결론은 이렇다. 과음은 뇌에 좋지 않다. 적당한 음주에 관해서는 상반된 연구 결과가 있지만, 나는 면역체계나 뇌 건강을 위해 술을 마시라는 말은 결코 하지 않을 것이다. 현재 상태로 볼 때 알코올이 면역체계에 미치는 영향은 유전, 기저 질환, 환경 요인 등에 따라 사람마다 다르다. 그러나 반드시 과음을 피하고 의사와 적당한 알코올 섭취량에 대해 상의해야 한다. 그리고 분위기가 어색해질 수도 있으니까 와인을 마시면서 이런 대화를 나누지는 말자.

영양제는 어떨까?

영양제에 관한 정보는 서로 상충되는 게 많은데, 바로 다음과 같은 몇 가지 주요 이유 때문이다.

- FDA는 영양제를 엄격하게 규제하지 않기 때문에 실제로 영양제에 무엇이 들어 있고 약속된 성분은 얼마나 들어 있는지 알기 어렵다.
- 영양제는 손상을 유발한다는 것이 입증되지 않는 한 건강을 뒷받침하는 제품으로 분류될 수 있다. (이건 고쳐야 하는 허점이다.)
- 영양제에 대한 연구는 영양제를 만드는 회사에서 자금을 지원하거나 소수의 사람들만 대상으로 진행되는 경우가 많아 결과의 신뢰도가 의심되는 경우가 있다.

연구가 이루어졌다고 해서 반드시 좋은 연구라는 뜻은 아니다. 우리는 항상 이중맹검법을 원한다. 이중맹검법은 피험자와 연구를 수행하는 사람 모두 데이터를 수집하는 동안에는 누가 위약을 받고 누가 진짜 치료제를 받았는지 모르기 때문에 기존의 편견이나 기대가 결과에 영향을 미칠 가능성이 없다. 하지만 안타깝게도 영양제에 관한 연구는 대부분 이 신뢰도 임계값에 도달하지 못한다. 따라서 영양제를 제대로 사용하려면 주치의 혹은 약사와 상의하는 것이 좋다. 그래도 두뇌 건강을 위해 고려해볼 만한 영양제가 몇 가지 있는데 이 중 일부는 건너뛰어도 좋다.

○ **주요 영양소 검사를 참고하라**

식단에 영양제를 추가할 것인지 결정할 때는 먼저 수치부터 확인하자! 영양소 수치가 이미 정상 범위 안에 있는 경우에는 해당 영양소의 알약과 캡슐을 추가해도 도움이 되지 않을 수 있다. 다음에 병원에 갈 때 혈액검사를 받아서 다음과 같은 핵심 요소를 확인하자.

- 엽산
- 비타민 D
- 비타민 B-12

비타민 D

안타깝게도 미국 인구의 40퍼센트 이상이 비타민 D 결핍증을 앓고 있다. 연구 결과 비타민 D 영양제를 먹으면 감기와 독감에 걸릴 위험을 낮출 수 있다고 한다. 비타민 D 수치가 낮은 사람들에게 비타민 D 영양제를 먹이자 감기나 독감에 걸릴 위험이 50퍼센트 정도 감소했다.[38] 반면에 비타민 D를 과다 복용하면 칼슘이 너무 많이 축적되는 등 부정적인 영향을 미칠 수 있다. 지나치게 많은 비타민 D와 칼슘은 독성이 있어서 신장 문제와 칼슘 결석을 유발할 수 있다. 따라서 영양제가 필요한지 판단하려면 먼저 혈액검사를 통해 수치를 확인하는 게 중요하다.

○ 햇빛: 비타민 D의 천연 공급원

햇빛에 노출되면 자연스럽게 비타민 D가 생성된다는 걸 알고 있을 것이다(구체적으로 설명하자면, 피부가 햇빛을 받으면 피부세포의 콜레스테롤에서 비타민 D가 만들어진다). 여기서 명심해야 할 사항이 몇 가지 있다.

첫째, 비타민 D를 얻으려면 밖에 나가야 한다. 비타민 D를 만드는 데 필요한 태양 광선은 UVB 광선인데 창문은 UVB를 걸러낸다. 창가에서 하루 종일 자연광을 쬐는 건 다른 부분에는 도움이 될 수 있지만(10장에서 살펴본 것처럼 밤에 잠을 잘 자도록 도와준다), 비타민 D 생성을 위해 밖에 나가는 시간을 대체할 수는 없다.

그리고 피부색과 마찬가지로 위치와 타이밍이 중요하다. 연구에 따르면 태양의 강도 때문에 비타민 D 생성을 위해 필요한 햇빛 양이 위도에 따라 다르다고 한다.[39] 영국에서 3월부터 9월까지 실시한 연구 결과를 보면 피부가 흰 사람은 일주일에 3일씩 9분간 한낮의 태양에 노출되는 것으로 충분하다. 그 몇 달 동안에는 날씨가 어떻든 상관없다. 피부색이 어두운 사람은 피부 색소의 흡수율 차이 때문에 똑같은 양의 비타민 D를 생산하는 데 30~40분이 걸릴 수 있다.[40] 햇볕을 너무 많이 쬐면 조기 노화와 피부암을 유발할 수 있으므로 얼굴과 목, 다리, 팔뚝 등 노출된 신체 부위에 자외선 차단제를 발라서 보호해야 한다.

칼슘

칼슘은 우리 뇌와 몸에서 여러 가지 중요한 역할을 한다. 신경전달물질을 만드는 과정을 조절하고 기억 형성에도 관여한다. 칼슘은 또 심장에 얼마나 많은 혈액을 전달해야 하는지 알려서 뇌로 향하는 혈류를 조절하기도 한다. 하지만 뇌와 신체에 칼슘이 너무 많거나 적으면 뇌가 노화된다.[41]

칼슘의 일일 권장 섭취량은 1000~2500밀리그램이다. 유제품을 먹지 않거나 먹을 수 없는 경우에는 음식을 통해 충분한 칼슘을 섭취하기 어려울 수 있으므로 칼슘 영양제가 필요하다. 그리고 물론 비타민 D도 칼슘 흡수를 돕기 위해 사용된다. 하지만 칼슘 영양제를 추가하기로 결정하기 전에, 특히 여성의 경우에는 뇌졸중이나 백질 병변(뇌혈관 손상의 징후) 같은 증상이 있는 상태에서 칼슘 영양제를 너무 많이 섭취하면 문제가 될 수도 있다는 사실을 알아두자.[42]

한 연구에서는 70~92세 사이의 치매가 없는 여성들을 5년 동안 추적했다. 실험 참가자들의 기억력을 검사하고 뇌를 스캔한 결과, 백질 병변이 있는 상태에서 칼슘 영양제를 사용하면 치매에 걸릴 위험이 증가한다는 걸 발견했다. 뇌졸중 병력이 있는 여성이 칼슘 영양제를 복용하면 복용하지 않았을 때보다 치매에 걸릴 위험이 일곱 배나 높아지는 것으로 나타났다. 백질 병변이 있는 여성의 경우 칼슘 영양제를 복용하면 복용하지 않았을 때보다 치매 위험이 세 배나 커졌다. 뇌졸중이나 백질 병변이 없는 여성은 칼슘 영양제를 복용해도 치매에 걸릴 위험이 증가하지 않았다.[43] 칼슘이 많이 함유된 음식을 먹고, 본인의 병력을 알아야 하며, 칼슘 영양제를 추가하기 전에 주치의와 상의하는 게 중요하다.

어유魚油

연어처럼 지방이 많은 생선이 뇌에 좋다는 건 많이들 아는 사실이다. 하지만 생선 기름을 사용한 어유 영양제가 뇌 건강에 미치는 이점에 대해서는 아직 잘 알려지지 않았다. 2022년의 한 연구에 따르면 어유 영양제로 고도 불포화 지방산을 섭취한 경우, 60~73세 사이의 치매 발병 위험이 감소할 수 있다고 한다.[44] 어떤 영양제든 마찬가지지만, 식단에 어유를 추가하기 전에 의사와 상담하자.

강황/커큐민

강황은 카레에 밝은 노란색을 내는 향신료다. 강황의 뿌리에서 추출된 성분인 커큐민은 항염증 기능을 한다는 증거가 있으며 이는 뇌 건강에도 도움이 될 수 있다.[45]《미국 노인

정신의학회지《American Journal of Geriatric Psychiatry》에 발표된 이중맹검법 연구에서는 커큐민 영향제가 치매가 없는 사람들의 기억력을 향상시킨다는 사실을 발견했다. 커큐민을 복용하는 사람이 18개월 동안 테스트한 결과, 기억력이 28퍼센트나 개선되었다.[46] 게다가 커큐민을 복용한 실험 참가자 중 일부는 기분까지도 호전되었다. 과학자들이 PET 스캔(신체 기관과 조직을 촬영하는 검사)을 실시한 결과, 커큐민을 복용하는 사람들에게는 타우와 아밀로이드가 적었다. 이 연구는 40여 명을 대상으로 한 소규모 연구이므로 좀 더 광범위한 연구를 통해 결과를 검증할 필요가 있지만, 현 시점에서도 강황/커큐민을 항염증제로 사용할 수 있다는 증거는 충분하다. 다만 몇 가지 중요한 주의 사항이 있다. 치료할 염증 유형에 따라 정확한 용량을 복용해야 한다. 예를 들어, 장의 염증을 치료할 때 필요한 용량은 관절 염증을 치료할 때와 매우 다르므로 그에 따라 복용량을 조절해야 한다(이는 의료 전문가가 알려줄 것이다). 마지막으로, 강황/커큐민을 후추 추출물인 피페린과 함께 복용하면 흡수율이 높아진다는 연구 결과가 있다.

프로바이오틱스는 먹어야 할까?

프로바이오틱스 영양제는 잘 알려진 '유익균'(특히 유산균 균주가 일반적이다)이 함유된 알약이나 분말이다. 표면적으로는 유익균을 보충하면 다양한 마이크로바이옴을 만드는 데 도움이 된다는 주장이 타당해 보이기에 그 전제를 중심으로 수백만 달러 규모의 사업이 구축됐다. 하지만 프로바이오틱스 영양제를 섭취하는 게 건강한 사람에게 이득이 된다는 과학적인 증거는 거의 없다.[47] 이 역시 수면 앱처럼 과학보다 마케팅이 앞서 있는 분야다.

마이크로바이옴은 사람마다 고유한 특성이 있고, 장이 건강할 때 프로바이오틱스 영양제를 먹는 건 바다에 물총을 쏘는 것처럼 의미 없는 일이다. 우리 장에 이미 존재하는 박테리아는 새로 도착한 박테리아가 결국 배설될 때까지 계속 움직이라고 지시한다. 또 앞서 얘기한 것처럼, 다른 영양제와 마찬가지로 프로바이오틱스도 FDA의 규제를 받지 않기 때문에 제조자는 그들 제품이 해롭다는 사실이 입증되지 않는 이상 계속해서 유익하다고 주장할 수 있다.

프로바이오틱스 영양제가 건강한 사람에게는 도움이 되지 않는 듯하지만, 특정한 건강 상태에 처한 사람들에게는 도움이 될 수도 있다는 연구 결과가 있다. 예를 들어, 한 메타분석에서는 프로바이오틱스 영양제가 불안 증세가 있는 사람들 중 36퍼센트에게 유익하다는 사실을 밝혔다.[48] 그러나 프리바이오틱스(이 장 앞부분에서 얘기한)를 복용했을 때는 불안 증세 치료에 도움이 되는 경우가 86퍼센트나 됐다.[49] 또 다른 예로, 프로바이오틱스를 섭취하면 체중 감량에 도움이 된다는 사실이 밝혀졌다.[50] 건강을 위해 프로바이오틱스 영양제를 복용하고 싶다면 의사와 상의해보자.

프로바이오틱스 영양제와는 다르게, 식품에 함유된 프로바이오틱스는 사람에게 유익하다고 한다.[51] 요거트, 김치, 사우어크라우트, 절인 채소, 케피르같이 살균하지 않은 발효 식품에는 프로바이오틱스가 다량 포함되어 있다. 이런 음식을 먹으면 장에 유익균을 채울 수 있다.

○ 모든 요거트가 똑같이 만들어지는 건 아니다

요거트를 살 때는 유해균이 좋아하는 첨가당이 들어 있지 않은 제품을 선택하자. 과일 맛 요거트에는 설탕이 잔뜩 들어 있는 경우가 많다. 그보다는 먹기 직전에 플레인 요거트에 블루베리, 산딸기, 얇게 썬 딸기, 잘게 썬 복숭아 같은 과일을 첨가하자.

빅 5 식품과 기억해야 할 질문들

식단은 개인마다 다르고 최신 유행이나 트렌드에 금세 휩쓸릴 때도 많다. 어떤 식단이 좋은 식단이냐는 질문은 개인마다 다르기 때문에 답하기 까다롭지만, 결국에는 몇 가지 기본 사항으로 요약할 수 있다. '빅 5' 식품과 세 가지 간단한 질문이 계속해서 올바른 방향을 유지하도록 도와줄 것이다.

먼저 당신의 장바구니에 다음의 다섯 가지 품목(빅 5 식품)이 포함되어 있는지 확인해보자. 이 다섯 가지 식품의 대부분을 섭취하고 있다면 당신의 식단은 옳은 방향을 향하고 있는 것이다.

- 연어처럼 지방이 많은 생선

- 아보카도

- 견과류

- 블루베리

- 십자화과 채소◆

만약 식단을 다채롭게 꾸미고 싶다면 케이퍼나 자색 양파도 추가하자. 케이퍼와 자색 양파에는 심장과 뇌를 보호하는 효과가 있는 것으로 입증된 케르세틴이라는 산화 방지제가 함유되어 있다.[52] 케르세틴 양이 얼마나 필요한지는 아직 연구가 필요한 부분이지만, 몇몇 연구는 케이퍼 2큰술을 먹으면 뇌에 추가적인 활력을 안겨줄 수 있다고 말한다.[53] 그러니 연어에 케이퍼를 곁들여서 먹자. 빅 5 외에, 다음과 같은 간단한 질문 세 가지를 던져보면 지금 먹으려는 음식이 과연 뇌에 좋은지 판단해볼 수 있을 것이다.

❶ 상하는 음식인가?

많은 경우, 부패하기 쉬운 음식이 몸에 좋다. 음식이 상하는 걸 막는 첨가물과 방부제는 장내 박테리아를 파괴

◆　양배추, 브로콜리, 콜리플라워 등 꽃 모양 혹은 잎이 나서 자랄 때 십자 모양을 띠는 채소들을 일컫는다.

하고 소교세포를 혼란에 빠뜨린다. 뇌를 보호하기 위해 신선 식품을
먹자.

❷ 포장 식품에 재료가
  많이 들어갔는가?

　　　　　　　　포장지에 적힌 재료를 제대로 발음할 수
있는가? 아니면 화학 실험용 원료처럼 보이는가? 질문이 좀 많긴 한
데 이 중 한 질문에라도 그렇다는 답이 나왔다면 좋은 식품이 아니다.
하지만 발음에 대해서는 신중할 필요가 있다. 단순히 정리하자면 재
료명이 줄줄이 적혀 있는 포장 식품은 되도록 피하자.

　특히 장염이 우려되는 경우에 섭취를 최소화해야 하는 특정 성
분으로는 에틸렌다이아민테트라아세트산[EDTA 54], 말토덱스트린[MDX],
카르복시메틸 셀룰로오스[CMC] 등이 있다.[55] 뇌를 활성화하려면 최대
한 첨가물이 적고 가공되지 않은 음식을 많이 먹어야 한다. 그리고 당
분이 주성분인 음식은 되도록 피하도록 하자.

❸ 당신의 접시에
  무지개 색이 보이는가?

　　　　　　　　무지개처럼 다채로운 음식을 먹자! 미안
하지만 스키틀즈를 먹으라는 소리가 아니다. 밝은 색의 과일과 채소
가 골고루 포함된 식사를 하자는 뜻이다. 이렇게 먹을 때 뇌에 가장
많은 이점을 제공할 수 있다.[56] 다양한 과일과 채소는 다양한 유익균

의 먹이가 되어 장내 다양성을 만들어낸다. 이렇게 과일과 채소처럼 생기 넘치는 색을 가진 음식은 하나씩 따로 먹을 때보다 함께 먹을 때 시너지 효과를 발휘한다.[57]

그러니 좋아하는 가공식품을 먹지 못하게 되었다고 슬퍼하지 말자. 단백질이 풍부한 생선과 맛있고 다채로운 과일과 채소를 알아갈 수 있어 기쁘다고 여기자. 두뇌 기능을 높이기 위한 식사는 지루해서도, 접시 색이 칙칙해서도 안 된다.

15

내 주위의 독소로부터
멀어지는 법

평소에 생활하는 지역에 따라 우리는 평생 1만~10만 개 정도의 환경 화학물질과 화합물에 노출된다.[1] 이런 물질이 전부 나쁜 건 아니지만, 개중에는 우리의 뇌를 노화시키거나 손상시키는 것들이 있다. 환경오염 물질은 당뇨병, 우울증, 치매의 위험 요소지만 제대로 알려져 있지 않다. 하지만 좋은 소식도 있다. 건강한 면역체계와 간은 이런 수많은 화학물질을 해독할 수 있다. 건강한 간을 유지하는 게 얼마나 중요한가 하면, 간질환을 앓는 환자의 절반 이상이 뇌 장애를 경험한다고 한다.[2] 건강한 간은 위험한 화학물질이 뇌로 들어가지 못하도록 막는 고급 청소 시스템과 같다.

엑스포솜exposome이란 화학물질과 독소를 포함해 일상생활 중에 공기나 물, 음식을 통해서 노출되는 모든 환경 요인을 설명하는 유전학 분야의 개념이다.[3] 수십만 가지 화학물질의 상호작용과 영향을 해독하는 건 어렵고 작업량도 상당하기 때문에 엑스포솜은 지금도 계속 발전 중인 분야다. 독소와 화학물질이 우리 뇌에 미치는 영향에 대해서는 아직 모르는 게 많지만, 유전적 요인과 환경적 요인이 복잡하게 혼합되어 우리 건강에 영향을 미칠 수 있다.

또 어릴 때 특정한 독소에 노출되면 뇌 건강에 심각한 영향을 미친다는 사실도 안다. 예를 들어, 납과 수은은 몸속에 축적되고 뇌를 손상시켜서 학습 장애와 행동 문제를 유발할 수 있다.[4] 이런 유년기의 화학물질 노출로 인한 생산성 손실 비용과 의료비로 미국은 2001년부터 2016년까지 7조 5000억 달러를 지출했다.[5] 중금속 사용을 제한한 덕에 유년기에 납과 수은에 노출되는 일은 줄었지만, 이 기간에 미국에서 발생한 100만 건의 지적장애 사례는 난연제나 살충제 같은 물질에 노출된 것이 원인인 듯하다.[6]

우리 모두의 바람처럼 일평생 건강한 뇌로 살고 싶다면 숨쉬는 공기, 먹는 음식, 마시는 물, 그리고 주변에 있는 다른 물질을 통해 독성물질에 노출될 가능성이 있음을 알고 있어야 한다.

특정한 대기오염물질 수치가 높아지면 정신과 입원자 수도 함께 증가한다는 사실을 알고 있는가? 공기 중의 독소는 불안감 같은 정신적 증상과 기분, 행동, 인지 변화를 초래할 수 있다.[7] 대기오염은 또 우리의 기본적인 감정인 심리적 웰빙을 감소시킬 수 있다.[8] 요컨대 우리가 숨 쉬는 공기가 두뇌 나이와 일상적인 삶의 질에 영향을 미친다는 것이다.

대부분의 대도시는 극심한 교통체증과 그로 인한 오염 문제에 시달리고 있다. 한 연구에서 밴쿠버에 사는 성인 67만 8000명을 분석한 결과, 주요 도로에서 50미터 이내 또는 고속도로에서 150미터 이내에 사는 사람들이 치매, 파킨슨병, 알츠하이머병, 다발성 경화증에 걸릴 위험이 더 높다는 사실을 발견했다. 연구진은 대기오염에 노출된 탓에 그 위험도가 높아진 것이라고 결론지었다.[9]

다른 나라에서는 초미세먼지PM2.5라는 특정한 종류의 오염물질이 많은 곳에 사는 나이 든 여성들을 조사했다. 사람의 머리카락 한 가닥보다 30배나 작은 이 초미세먼지는 발전소나 자동차에서 방출된다. 이런 오염물질이 기준치보다 높을 경우 여성들이 기억력 감퇴나 전반적인 인지력 저하를 일으킬 위험이 81퍼센트 더 높았고 결국 치매나 알츠하이머에 걸릴 위험도 92퍼센트나 높았다.[10]

세계에서 가장 오염이 심한 도시 중 하나인 멕시코시티를 조사해 공기질의 중요성을 강조한 연구도 있다. 이 연구팀이 대기오염이 뇌에 어떤 영향을 미치는지 분석한 결과, 11개월에서 27세 사이의 멕시코시티 주민들의 뇌간에서 알츠하이머병과 파킨슨병 초기 단계를 발견했다. 피험자들의 나이가 얼마나 젊은지 고려하면 이런 뇌 손상은 정말 놀라운 일이다. 연구진은 피험자들의 뇌간과 장 신경세포에도 독성 철, 알루미늄, 티타늄(자동차 배기관에서 분출되는 것과 동일한 화학물질)이 풍부한 나노입자가 고농도로 포함되어 있는 걸 발견했다.[11] 우리 몸에는 장과 뇌간 사이에 통로가 있는데, 이 데이터는 호흡을 통해 몸속에 들어온 오염물질이 결국 장까지 도달했음을 시사한다. 모든 물질이 혈액-뇌 장벽을 통과할 수 있는 건 아니지만 이 오염물질은 뇌에 침투할 수 있다. 일단 장에 도착한 오염물질이 혈류를 타고 뇌로 들어가는 것이다.

또 코를 통해 들어온 독소는 뇌로 직접 이동할 수 있다. 독소가 뇌에 들어가면 소교세포가 뇌를 깨끗하게 유지하기 위해 이 독소를 먹어치운다.[12] 하지만 독소가 너무 많으면 소교세포가 감당하지 못해 결국 혼란에 빠진다. 그래서 결국 건강한 뇌세포를 공격하게 되고 염증을 일으키기 시작한다. 대기오염에 시달리는 이들의 혈액 속 베타 아밀로이드(플라크를 만들 수 있는 물질) 수치가 더 높은 건 놀라운 일이 아니다.[13]

우리가 들이마신 오염물질은 혈류로 들어가서 혈당을 관리하는 인슐린의 기능을 방해한다. 전신 염증을 증가시키는 대기오염은 전 세계에서 새로 발생한 당뇨병 사례의 14퍼센트인 320만 건의 원인이다.[14] 그리고 물론 우리는 당뇨병이 치매의 위험 요인이라는 것도 알고 있다.

공기를 정화하면 뇌를 보호할 수 있다. 최근의 한 연구에서는 초미세먼지와 교통 관련 오염물질인 이산화질소가 감소하면 여성 노인의 치매 위험이 낮아지고 인지력 저하도 늦출 수 있는 것으로 나타났다.[15]

프랑스에서 진행된 연구도 이와 비슷한 결과를 얻었다. 초미세먼지가 1단위씩 감소할 때마다 치매 위험은 15퍼센트, 알츠하이머병에 걸릴 위험은 17퍼센트 감소했다.[16] 정부는 깨끗한 공기를 정신 건강과 신체 건강의 중요한 부분으로 우선시할 필요가 있다.

내가 할 수 있는 일은 무엇일까?

대기오염은 우리가 통제할 수 없다고 생각할 것이다. 흥미롭게도 밴쿠버에서 실시한 연구를 통해 보통 사람도 대기오염의 위험을 줄이기 위해 뭔가 할 수 있다는 걸 알게 됐다. 잔디와 나무로 둘러싸인 동네 공원에서 하루 30분씩 시간을 보내자 혼잡한 도로나 고속도로 근처에 사는 것과 관련된 치매 발병 위험이 완화되었다. 연구진은 신선한 공기, 풀과 나무 같이 대기 속 먼지를 제거하는 자연의 공기 여과기와 햇빛, 신체 활동, 그리고 사회적 상호작용이 위험을 완화하는 데 도움이 된 것으로 추측했다.[17]

외출하기 전에 주변 지역의 대기질을 알려주는 웹사이트를 통해 대기질을 늘 살피자. 대기질이 나쁜 경우에는 오염물질을 걸러내는 마스크를 착용하는 게 좋다.

중요한 건 야외의 공기뿐만이 아니다. 실내 공기 오염도 문제다. 가정용 제품과 가구는 공기 중으로 독소를 방출할 수 있다. 집에 설치할 수 있는 대기질 측정기가 있다. 측정기에서 공기가 깨끗하지 않다는 결과가 나오면 다층 필터 시스템이 장착된 공기청정기를 사용해보자. 공기청정기는 집 안의 공기 오염물질과 독소를 효과적으로 제거할 수 있다.[18] 실외 대기질이 좋은 날에는 창문을 열어서 집 안 공기를 환기시키자(날씨가 허락한다면).

실내 공기질에 영향을 미치는 또 다른 요인은 빈대다. 흔히 볼 수 있는 이 해충은 베개, 시트, 매트리스, 잡동사니에 기생한다. 빈대는 공기질과 수면에 부정적인 영향을 미치는 화합물을 방출한다(그리고 물리면 정말 가렵다). 침실의 잡동사니를 치우고, 진공청소기를 자주 사용하고, 매트리스 커버를 씌우고, 침대 시트를 뜨거운 물로 세탁하자. 또 몇 달에 한 번씩 온도를 높게 설정한 건조기 안에 베개를 20분 정도 넣어두자. 열은 빈대를 죽이고 빈대가 방출한 독성 화합물을 줄이는 데도 도움이 된다. 또 이런 조치는 호흡과 뇌 건강에 영향을 미치는 먼지까지 제거하는 추가적인 이점이 있다.

공해를 피할 수 없다는 걸 알면 기분이 언짢겠지만 그 사실에 어쩔 줄 몰라 하거나 스트레스를 받지는 말자. 방금 얘기한 간단한 조치만으로도 독소 노출 위험을 낮출 수 있다.

주변 환경에 있는 특정한 화학물질은 장 건강을 변화시켜서 면역 기능을 떨어뜨릴 수 있다.[19] 이런 화학물질은 음식을 비롯해 모든 곳에 존재한다. 그래서 이전 장에서 다루었던 몇 가지 음식에 대해 다시 얘기하면서 논의를 확장할 필요가 있다. 예를 들어, 연어처럼 지방이 많은 생선은 당뇨병 위험을 낮출 수 있지만, 만약 생선에 수은이나 오염물질 같은 독소가 가득하다면 되려 당뇨병 발병 위험이 높아진다.[20]

즉, 오염물질의 영향을 줄이고 신경독과 염증을 억제하기 위해 취할 수 있는 간단한 조치는 대부분 음식과 관련이 있다. 첫 번째 음식은 수은 함량이 낮은 생선을 먹는 것이다. 수은 함량이 낮은 생선으로는 연어, 명태, 새우 등이 있다. 이전 장에서 얘기한 것처럼 생선에는 오메가3가 풍부한데, 이는 염증을 물리치고 오염물질에서 발견되는 신경독을 중화시킨다. (생선 튀김은 소용없다. 튀기는 과정에서 오메가3가 파괴되기 때문이다.)

한 연구에서 여성의 혈액에 있는 오메가3 양을 조사한 뒤 이것을 그들이 사는 지역과 연관시켰다. 오염이 매우 심한 지역에 살더라도 오메가3 수치가 높은 여성은, 같은 지역에 살지만 오메가3 수치가 높지 않은 여성에 비해서 뇌수축이 적었다.[21] 앞서 뇌수축이 기억력 감퇴나 기능 장애와 관련이 있다고 이야기한 바 있다. 또 오메가3 수치가 높은 여성들은 기억과 관련된 뇌 부위인 해마 크기가 더 컸다.[22] 이런 이점을 누리려면 구운 생선이나 조개류를 일주일에 한두 번 이상 먹어야 한다. 그러면 대기오염의 영향을 상쇄할 수 있다.

생선 외에도 오염의 영향을 줄여주는 음식이 또 있다. 중국에서 가장 오염이 심한 지역 중 하나인 장쑤성에 사는 성인 300명을 대상으로 실험을 진행했다. 이 실험 참가자의 절반은 매일 브로콜리 새싹 음료를 반 컵씩 마셨고, 나머지 절반은 마시지 않았다. 이들이 흡입한 대기오염물질을 측정하기 위해 실험 기간 내내 소변과 혈액 샘플을 채취한 결과, 브로콜리 음료를 마신 사람들에게서 독성 화합물이 지속적으로 제거된 사실을 알 수 있었다. 그중에서도 암 발생 위험을 높이는 독성 화학물질인 벤젠과 아크롤레인이 빠르게 지속적으로 제거되었고, 제거되는 양 자체도 늘어났다. 이 데이터는 브로콜리 음료를 마신 사람들은 독성이 있는 벤젠의 배설량 및 체내 제거량이 61퍼센트, 아크롤레인은 23퍼센트 늘어났다는 걸 보여주었다.[23] 한마디로 브로콜리 새싹이 독성물질을 정화한 것이다.

브로콜리 새싹은 앞서 얘기한 설포라판이 듬뿍 들어 있는 놀라운 식품이다. 연구에 따르면 설포라판은 세포에서 환경 독소를 제거하는 걸 돕는 NRF2라는 분자를 활성화시킨다. 설포라판은 브로콜리, 청경채, 양배추 같은 십자화과 채소에 함유되어 있고 브로콜리와 브로콜리 새싹 모두 건강을 증진시키는 화합물이 가득하지만, 브로콜리 새싹에는 다른 어떤 식물보다 50~100배나 많은 설포라판이 함유되어 있다고 밝혀졌다.[24]

물의 청결도 뇌 건강에 중요한 요소다.[25] 방금 음식과 관련해서 살펴본 오염물질 대부분이 물의 순도에도 영향을 미칠 수 있다. 깨끗하지 않은 물에서 발견되는 독소와 살충제는 신경 독성 효과가 있어서 염증을 증가시킬 수 있다.[26] 깨끗한 물에 대한 접근성은 전반적인 건강과 뇌 건강에 중요한 역할을 한다.[27]

유기농 식품 vs 비유기농 식품

과일과 채소를 먹는 건 좋은 일이지만, 산업화된 대규모 농업은 농작물 수확량을 극대화하기 위해 살충제와 비료에 많이 의존하므로 유의해야 한다. 우리가 먹는 음식에 그런 살충제와 화학물질이 남아 있을 수 있기 때문이다. 과일과 채소를 씻으면 먼지와 표면의 살충제는 제거되지만 그 외 다른 성분들도 씻겨나갈 수 있다. 해당 식품에 어떤 성분이 남아 있고 그게 영양가와 우리 건강에 어떤 영향을 미치는지를 살펴봐야 한다.

유기농 농산물을 먹으면 살충제와 비료에서 발견되는 독성 화학물질에 대한 노출을 줄일 수 있다.[28] 그러나 유기농 식품은 보통 가격이 더 비싸다. 비용을 절약하기 위해 '껍질 규칙'을 고려하자. 과일과 채소에 두껍고 먹을 수 없는 껍질이 붙어 있지 않을 때는 유기농을 선택하는 것이다. 즉, 사과와 딸기는 유기농으로 먹고 바나나와 오렌지는 비유기농으로 먹어도 괜찮다.

또 유기농 식품에는 유익한 박테리아가 더 많이 들어 있을 가능성이 크다. 사과에는 약 1억 개의 박테리아가 있다. 유기농 사과는 가장 유명한 프로바이오틱스 균주 중 하나인 풍부한 젖산균을 비롯해서 더욱 다양하고 균형 잡힌 박테리아를 가지고 있다.[29]

그래서 하루에 사과를 한 개씩 먹으면, 특히 좋은 박테리아가 들어 있는 사과를 먹으면 병원을 멀리할 수 있다. 그리고 다른 과일과 채소를 날로 먹는 것도 (물론 날로 먹을 수 있는 것에 한정된 이야기다. 감자나 아티초크는 익히지 않고 먹으면 맛도 없고 소화도 잘 되지 않는다) 사과만큼의 효과를 볼 수 있다.

꼭 기억해야 하는 우리 주변의 독성물질

지금까지 공기와 음식을 통한 노출을 다루었지만 주의해야 할 것들은 더 많다. 먼저 플라스틱부터 살펴보자. 플라스틱은 내분비를 방해하는 EDC라 불리는 화학물질을 방출한다. 공산품, 가소제, 살충제에서 발견되는 이 화학물질이 호르몬을 교란시킬 수 있다.[30] 노출 기간, 노출되었을 때의 나이, 노출 정도에 따라 심각한 손상을 입힐 가능성도 크다.

악명 높은 EDC 중 하나가 플라스틱 포장재에 사용되는 화학물질인 비스페놀 A[BPA]로, 식품에까지 옮겨 갈 수 있다. 이 물질이 우리 주변에 얼마나 있는지는 아무도 모른다. 한 연구에 따르면 FDA에서 사용하는 측정 기준은 노출 수준을 44배나 과소평가한다고 한다.[31]

하지만 플라스틱 용기에 BPA가 함유되어 있는지는 쉽게 알 수 있다. 용기를 뒤집기만 하면 된다. 1부터 7 사이의 숫자를 세 개의 화살표가 둘러싸고 있는 삼각형 모양의 재활용 기호를 찾아보자. 숫자 3과 6, 특히 7이 적힌 품목은 BPA가 포함되었을 가능성이 가장 크다. 1, 2, 4, 5라고 적힌 품목은 일반적으로 BPA를 포함하지 않는다.[32] BPA가 들어 있는 플라스틱은 바닥에 어떤 숫자가 적혀 있든 사용하지 않는 편이 좋다. 더운 날 에어컨 없는 차 안처럼 뜨거운 곳에 통조림이나 플라스틱 음식을 보관하면 유해 성분이 빠져 나오는데, 열로 인해 플라스틱 안의 화학물질이 음식에 스며들어 몸속으로 들어갈 수 있다. 플라스틱 용기에 든 음식을 전자레인지에 데우는 걸 피해야 하는 것도 이런 이유 때문이다.

파라벤은 또 다른 EDC다. 방부제로 사용되는 이 화학물질은 다양한 상용 식품과 화장품에서 발견된다. 병이나 용기 뒷면의 성분 목록에서 메틸파라벤, 프로필파라벤, 부틸파라벤을 찾아보자. 이것이 우리가 피해야 하는 가장 일반적인 파라벤 성분 세 가지다.[33] 또 한 제품에 함유된 파라벤 양뿐만 아니라 이 화학물질이 함유된 여러 제품을 사용하면서 생기는 누적 효과 역시 우려된다.[34]

청소용품 및 가정용품

한 흥미로운 연구에서 호텔 객실 청소부들에게 일반적인 가정용품과 친환경 가정용품으로 청소할 것을 요청하고, 이때 화학물질 노출도를 측정할 수 있는 배낭을 착용하게 했다. 그러자 친환경 제품으로 청소할 때 벤젠과 클로로포름을 비롯해 암을 유발하고 호르몬을 교란시키는 17가지 화학물질의 양이 대폭 줄었는데, 특히 클로로포름 노출은 86퍼센트나 감소했다.[35]

프탈레이트와 폴리플루오로알킬 물질이 포함된 특정한 가정용 세정제, 세제, 개인 위생용품이 아이들의 장내 박테리아 균형을 깨뜨릴 수 있다는 증거가 대두되고 있다.[36] 이는 이런 제품들이 평생 뇌와 전반적인 건강에 어떤 영향을 미칠지에 대한 우려도 제기한다. 가급적 '친환경' 제품을 골라 써야 하는데, 그게 말처럼 쉬운 일이 아니다. 친환경이라고 표시된 제품조차도 엄격하게 표준화된 규칙을 준수할 필요가 없기 때문에 어떤 가정용품이 실제로 우리 몸과 환경에 안전한지 확인하기란 쉽지 않다. 그래도 우리가 할 수 있는 한 가지 일은 '안전한 선택' 라벨이 붙은 제품을 찾는 것이다. 집 주변을 청소할 때는 시판되는 청소용 제품을 사용하지 말고 물, 식초, 주방용 세제를 섞은 안전한 조합을 시도해보자. 청소 제품으로부터 자신을 보호하고 싶다면 청소하는 동안 창문과 문을 열어서 공기 흐름을 늘리고 장갑과 고글을 착용하는 것도 좋은 방법이다.[37]

땀을 내면 몸에서 독소를 제거할 수 있을까?

운동, 핫요가, 사우나 등 호황을 누리는 업계에서는 땀으로 독소를 배출할 수 있다고 말한다. 하지만 연구 결과에 따르면 땀으로 배출되는 오염물질의 양은 그리 많지 않다고 한다.[38] 45분간 고강도 운동을 해도 그날 먹고 마신 것의 0.02퍼센트만 땀으로 배출된다. 물론 운동은 다양한 이유로 몸에 좋고 사우나 역시 혈압과 뇌졸중 위험을 낮추는 등 이점이 있지만, 해독을 위해 땀을 흘리는 것은 효과적이지 않다.[39] 이처럼 생각보다 환경적 측면에서 우리가 바꾸거나 통제할 수 있는 것은 많지 않다. 하지만 핵심은 그중에서도 통제가 가능한 부분들이 있으며, 이를 조금씩 실행에 옮길 때 우리의 뇌는 더 젊게 오랫동안 유지될 수 있다. 그러니 주변에 가득한 위협적인 독성물질들에 겁먹기보다, 이 장에서 소개한 아래의 방법들을 기억하고 실천해보자. 깨끗한 공기와 깨끗한 음식이 곧 깨끗한 뇌로 이어진다는 사실을 잊지 말자.

1. 주변의 공기질에 유의하자. 필요하면 공기청정기를 사용하고, 공원처럼 교통량이 적고 오염되지 않은 곳에서 매주 시간을 보내자.
2. 껍질이 두껍지 않은 과일과 채소는 유기농으로 구입하자.
3. 화학물질이 많이 들어 있지 않은 가정용품과 청소용품을 선택하자. 현재 이 제품군에는 다양한 옵션이 있다.

16.

♦ 집중

더 많이 기억하고
빠르게 배우는 법

우리 뇌는 약 2.5페타바이트에 달하는 데이터를 기억할 수 있다. 3억 시간 분량의 TV 프로그램을 저장할 수 있는 양인데, 이걸 다 보려면 3만 4000년 동안 하루 24시간 내내 TV만 봐야 한다. 그야말로 엄청난 양이다! 다큐멘터리를 몰아서 보거나, 팟캐스트를 듣거나, 새로운 기술을 배우거나, 책을 읽는 등 이 페타바이트 단위의 저장 공간을 새로운 정보로 채우면 뇌의 노화를 막을 수 있는데, 이를 위해 어떤 일들을 할 수 있을지 상상해보자. 사실 뇌를 최대한 활용하기 위해 우리가 할 수 있는 일은 아주 많다.

이 책을 읽는 동안에도 새로운 정보를 습득했을 것이다. 바로 이런 행동이 뇌를 보호한다. 우리가 새로운 정보를 배우면, 몸에서는 가

장 효과적인 뇌 세정제 중 하나인 노르에피네프린을 이용한 뇌 쓰레기 청소가 시작되기 때문이다.[1]

노르에피네프린은 심박수, 주의력, 기억력, 인지력을 조절하는 호르몬이자 신경전달물질이다.[2] 뭔가 새로운 것을 배우면 뇌는 청반이라는 부위에서 노르에피네프린을 분출한다.[3] 노르에피네프린은 뇌의 노폐물과 쓰레기를 분해해서 자는 동안 배출한다. 그렇게 뇌를 젊고 건강하게 유지하며 뇌가 새로운 연결을 만들 수 있도록 해준다.

건강한 두뇌와 강한 기억력을 유지하는 방법이 스도쿠, 크로스워드 퍼즐, 두뇌 게임만 있는 건 아니다. 재미도 있고 뇌에 도움도 되지만 두뇌를 훈련시키기 위해 우리가 할 수 있는 유일한 일은 아니다. 새로운 기술을 배우고 정보를 얻으면 뇌에 새로운 연결(시냅스)이 상당히 많이 형성되는데 연결을 많이 만들수록 기억력을 유지하고 심지어 향상시킬 가능성이 높다. 따라서 뇌에는 더 많은 자극이 필요하다.

연구를 거듭한 결과 새로운 길 배우면 기억력이 감퇴할 위험이 현저히 줄고 뇌의 노화 속도도 느려진다는 게 밝혀졌다. 예를 들어, 한 연구에서 성인에게 기억력 테스트를 실시해보니 교육을 받은 기간이 길수록 전두엽이 더 활동적이라는 걸 발견했다.[4] 전두엽이 활동적일수록 기억력 역시 좋다는 것이다. 그러나 고등교육이 기억을 유지하는 유일한 방법은 아니다. 또 다른 연구에서는 개인들의 교육 수준이 낮아도 강의를 듣고, 읽고, 쓰고, 낱말 놀이나 퍼즐 게임을 많이 한 사람의 경우, 교육을 더 많이 받은 사람들과 동등한 수준의 기억력 점수를 받는다는 걸 알아냈다.[5]

새로운 언어나 악기를 배우는 것도 뇌에 좋다. 한 연구는 어느 연령대에서든 이중언어를 구사하거나 악기 연습을 하면 뇌가 더 효율적으로 작동한다는 사실을 발견했다.[6] 그러나 노르에피네프린이 정말 효과적으로 분사되려면 새로운 정보를 얻는 과정이 조금 힘들어야 한다. 자신의 전문 분야 밖에서 새로운 걸 배울 때의 좌절감을 기쁘게 받아들이자.

새로운 것을 배울 때는 체력 단련을 하는 방식으로 접근하자. 예를 들어, 헬스클럽에 가서 팔뚝 운동만 하지는 않을 것이다. 갈 때마다 각기 다른 근육 부위를 단련하고 근육을 만드는 것뿐만 아니라 유산소운동도 하고 싶을 것이다. 뇌도 마찬가지다. 언어를 배울 때는 스포츠나 음악 활동을 할 때와는 다른 뇌 부위가 가동된다. 정신적인 학습 활동과 신체적인 학습 활동을 혼합해서 뇌를 교차 훈련시킬 수 있다. 그러니까 일주일 동안 한 가지 활동만 하는 게 아니라 테니스, 골프, 피클볼, 축구 같은 운동도 하고, 새로운 노래를 부르거나 연주하는 방법도 배우고, 새로운 언어를 배우거나 익숙하지 않은 주제에 관한 책도 읽는 것이다.

새로운 걸 배우는 건 뇌를 위해 할 수 있는 가장 좋은 일 중 하나다. 집중력, 생산성, 심지어 창의적인 사고력을 향상시키는 데도 좋다.[7] 이 장의 나머지 부분에서는 여러분의 뇌가 새롭게 배운 것들을 최대한 활용할 수 있는 획기적인 팁을 알려줄 것이다. 전부 뇌과학에 기반해서 집중력을 높이고, 더 많은 걸 기억하고, 창의력을 극대화할 수 있는 실용적인 방법이다.

이런 경험을 해본 적이 있는가? 책을 펴서 읽기 시작했는데 문득 고개를 들어보니 벌써 2시간이 지났다. 뭔가에 너무 집중한 나머지 시간 가는 것도 깨닫지 못하는 몰입 상태에 빠졌던 것이다. 깊게 집중한 상태는 생산성을 높이고 배운 내용을 더 많이 기억하는 데 매우 중요하다. 하지만 어떻게 해야 그런 상태에 도달할 수 있을까?

2017년의 한 연구에서는 시험을 치르는 사람들의 모습을 지켜봤다. 참가자 중 절반에게 시험을 볼 때 휴대폰을 전원이 꺼진 책상 위에 놓도록 했다. 그리고는 나머지 절반에게는 전원을 끈 휴대폰을 다른 방에 두도록 했다. 그 결과 다른 방에 휴대폰을 놓아둔 그룹이 휴대폰을 책상 위에 올려둔 그룹보다 평균 20퍼센트 정도 더 높은 점수를 받았다. 휴대폰이 그만큼 주의를 산만하게 한다는 것이다.[8] 휴대폰이 눈앞에 있기만 해도 뇌는 지금 자기가 '무엇을 놓치고 있을지' 궁금해한다. 방금 온 문자메시지의 내용, 소셜 미디어에 올라온 새로운 게시물 등 집중을 방해하는 사소한 산만함이 뇌의 성능을 떨어뜨린다.

뇌는 늘 새로운 정보에 주의를 기울이도록 되어 있다. 수천 년 동안 그런 행동이 생존에 필수적이었기 때문이다. 수천 년이 지난 지금도 휴대폰이나 컴퓨터에서 새로운 메시지나 이메일 도착을 알리는 소리가 들릴 때마다 뇌에서 도파민이 분출된다. 우리는 그 느낌을 좋아하지만 그로 인해 정신적인 피로를 느낄 수 있다. 이런 알림은 놀랍고 멋지고 강력하지만 주의를 산만하게 할 수 있고, 주의가 산만해지면 우리 뇌는 생산성이 떨어진다. 그 정보는 중요하고 의미 있는 정보일 수도 있고 시간 낭비일 수도 있다. 그러나 휴대폰은 계속해서 삐삐거리고 윙윙거리면서 예상치 못한 정보를 제공하며 마치 슬롯머신처럼 다음 도파민 히트를 계속 기다리게 만든다. 슬롯머신은 우리의 돈을 훔치고, 전자 기기는 우리의 집중력과 소중한 시간을 앗아갈 수 있다. 그리고 슬롯머신 앞에 앉아 있을 때와 마찬가지로, 전자 기기의 화면을 지켜보면서 시간을 허비하느라 많은 일을 해내지 못했다는 사실조차 깨닫지 못한다. 하지만 다행히 우리는 전자 기기의 통제에서 벗어날 수 있다. 뇌가 작동하는 방식을 통해 집중력을 되찾을 방법은 놀랍도록 간단하다. 그저 이 전자 기기로부터 '멀어지는 것'이다.

최고 수준의 집중력을 유지하려면 휴대폰(또는 컴퓨터나 태블릿)을 눈에 띄지 않는 곳으로 옮기자. 컴퓨터가 필요한 작업의 경우, 인터넷 연결을 해제하거나 작업 창을 하나만 열어두자. 나도 이 책을 쓰기 위해 이들로부터 멀어져야 했다. 컴퓨터로 글을 쓰는 동안에는 휴대폰을 다른 방에 두고 와이파이 연결을 끊었다. 그리고 타이머를 설정했다. 뇌과학자들이 도파민 보상 시스템을 이용해 전자 기기를 손에서 놓지 못하도록 설계했지만, 우리 역시 이 교활한 과학자들보다 한발 앞설 수 있다는 사실을 기억하자.9

중요한 방해물을 제거했으니, 이제 집중력을 발휘하는 근육인 전전두엽 피질을 운동시켜보자. 11장에서 얘기한 것처럼 마음챙김을 통해서도 훈련이 가능하다. 하지만 1980년대 후반에 개발된 포모도로 Pomodoro 방식이라는 집중력 및 시간 관리 기술을 이용해서도 전전두엽 피질을 효과적으로 훈련할 수 있다. 첫째, 모든 방해물을 제거하자. 휴대폰을 *끄고* 눈에 보이지 않는 곳에 치워두자. 컴퓨터 알림은 무음으로 설정한다. 배경화면에 열려 있는 웹 사이트 역시 없어야 한다. 이메일, 점수, 소셜 미디어 등을 확인하지 않으며 타이머(휴대폰에 있는 타이머는 안 됨!)를 20분으로 설정하고 중요한 작업 한 가지에 집중한다. 딴생각이 떠오르면 의식적으로 다시 하던 작업으로 돌아오자. 20분 동안 다른 생각은 전혀 하지 말고 일에만 전념해야 한다.

성공하면 기쁘게 자축하자. 그리고 이제부터 이를 하나의 작업 단위로 생각하자. 5분 정도 쉬었다가 다시 반복하는 것이다. 만약 20분 동안 집중력을 꾸준히 유지하는 게 힘들다면 일단 10분만 해보자. 그리고 매일 조금씩 시간을 늘려나가면 마침내 20분간 순수하게 집중할 수 있는 수준에 도달할 수 있을 것이다. 몰입 상태에 빠지면 20분은 충분히 넘길 수 있지만, 사실 20분은 최소 단위다. 이것도 헬스클럽에서의 상황에 비유해서 생각해보자. 운동하는 시간과 반복 횟수(목표로 하는 집중 기간)를 늘릴수록 전전두엽 피질이 더 강해지고 성장한다. 반복하는 횟수는 여러분이 그날 해야 하는 일의 양에 따라 달라지기 때문에 정해진 마법의 공식 같은 건 없다. 하루에 몇 번씩 반복할지는 본인이 결정할 수 있다. 다만 중간에 5분씩 쉬어야 한다는 걸 잊지 말자.

2011년에 산만함의 이점에 대해 조사한 연구가 있었다. 연구 참가자들을 두 그룹으로 나눠서 한 그룹은 50분간 쉬지 않고 과제에 집중했고, 다른 그룹은 20분마다 한 번씩 두 차례 휴식을 취했다. 그러자 50분 사이에 두 차례 휴식을 취한 그룹이 과제 내용을 더 많이 기억했다.[10] 아무래도 뇌가 다시 집중하려면 약간의 산만함이 필요한 것 같다. 일어서서 방 안을 돌아다니거나 잠깐 스트레칭을 하는 등 간단하게 휴식을 취하는 것도 괜찮다.

더 많이 기억하는 뇌를 만드는 4가지 방법

지금까지는 정보를 받아들이는 것에 초점을 맞췄지만, 더 많은 정보를 '기억'하려면 어떻게 해야 할까? 앞서도 말했지만, 연습이 완벽을 만든다(거의). 그리고 이는 많은 부분 반복과 관련되어 있다. 반복 외에도 새로운 뇌 연결이 계속 유지될 수 있도록 하는 다른 방법들을 살펴보자.

❶ 크게 소리 내어 말해라

5장에서 다룬 내용이지만, 뭔가를 기억하고 싶으면 크게 소리 내어 말하자. 차를 주차해둔 장소를 기억하고 싶다면 위치를 식별할 수 있는 정보를 큰 소리로 말하면 된다.

❷ 연상 기억법을 활용해라

대니얼 태멋_{Daniel Tammet}은 전 세계 뇌과학자들이 연구한 서번트 증후군 환자다. 그는 수학 상수인 파이π를 소수점 2만 2514개까지 외우고 일주일에 새로운 언어를 10개씩 배웠다.[11] 서번트 증후군을 앓는 대니얼은 놀라운 기억력의 소유자지만 일상적인 생활에서는 어려움을 겪었다. 그에게는 하나의 정보가 여러 개의 감각을 자극하는 신경학적 상태, 즉 공감각 능력도 있는데 이처럼 공감각 능력이 있는 사람이 숫자나 글자를 생각하면 뇌가 자동으로 특정한 색이나 소리, 맛을 떠올린다. 글자나 숫자가 특정적인 성격이나 성별을 나타낼 수도 있다.[12] 이런 상태는 창의성과 연관이 있으며 예술가와 음악가에게서 많이 발견된다.

일례로 빌리 조엘은 음악을 들을 때 각 음표와 관련된 다채로운 빛을 본다. 놀라운 기억력을 가진 사람은 종종 공감각 능력이 있거나 그 상태와 비슷한 기술을 사용한다. 왜일까? 그들이 무언가를 배울 때 학습하는 내용을 감각, 기분 그리고 감정과 연관시키기 때문이다. 오감 정보는 각각 뇌의 개별적인 영역에 저장되기 때문에 오감을 모두 활용하면 뇌세포의 연결이 활발해지고 기억이 더 오랫동안 남아 있을 가능성이 높아진다.

여러분에게 가족들이 사는 집을 떠올려보라고 하면, 부엌에서 요리하는 냄새 같은 특정 감각을 떠올릴 것이다. 나는 조부모님의 집을 떠올리면 항상 독특한 종류의 비누가 생각난다. 이 비누 냄새만 맡아도 조부모님과의 추억이 홍수처럼 밀려온다. 이렇게 강력한 감각 기억력을 활용해 기억하고자 하는 걸 감각이나 느낌과 연관시켜보자.

예를 들어, 누군가가 자기 이름을 말하면 그 이름을 유명한 사람이나 여러분이 감정적으로 연결되어 있는 장소와 연관시키자. 어떤 사람이 자기 이름은 헨리라고 소개했다고 가정해보자. 그러면 헨리 왕을 떠올리면서 방금 만난 사람이 머리에 왕관을 쓰고 있는 모습을 상상해보는 것이다. 한 걸음 더 나아가 헨리가 영국 술집에 있는 모습을 떠올려보자. 술집에서 어떤 냄새가 나는가? 그 술집은 추울까, 따뜻할까? 이 기술이 우스꽝스럽게 들릴지도 모르지만, 새로운 정보를 과거의 지식과 연관시키고 감각을 활용하는 이야기를 만들수록 그 정보를 잘 기억할 가능성이 커진다. 연상과 감각 기억을 활용하는 기술은 기억력 챔피언들이 놀라운 양의 정보를 기억하는 데도 쓰인다.

❸ 감정을 동원하라

오늘 해야 할 중요한 일은 기억하지 못하면서, 오래전에 했던 마음에 안 드는 데이트에서 겪은 당황스러운 순간과 그때 했던 말의 토씨 하나하나까지 다 기억났던 적이 있지 않은가? 사실 우리는 감정과 관련된 것들을 더 잘 기억하는 경향이 있다.

우리 뇌는 생존을 위해 이런 식으로 진화했다.

뇌가 하는 가장 중요한 일 중 하나는 우리가 고통을 겪지 않도록 하는 것이다. 그러려면 자신에게 기쁨을 주거나 상처를 안겨줬던 것을 기억해야 한다. 이어지는 그림에서 뇌의 감정적인 정보를 처리하는 편도체를 찾아보자. 편도체의 옆에는 무엇이 있는가? 바로 해마다.

해마가 어떤 기능을 하는지 기억나는가? 우리가 받아들인 정보는 가장 먼저 해마에 도착하고, 뇌는 그 정보가 기억할 만큼 중요한 것인지 판단한다. 만약 중요하다면 그게 어떤 종류의 기억인지에 따라 뇌의 다른 부분으로 전달한다. 비밀번호를 예로 들어보자. 비밀번호는 뇌의 바깥쪽에 저장된다. 정보가 이동하기에는 제법 먼 거리다. (그러니 비밀번호 재설정 버튼을 계속 누르는 자신의 모습에 속이 상하더라도 너무 기분 나쁘게 받아들이지는 말자. 우리 뇌는 임의의 단어, 문자, 숫자를 기억하도록 설계되지 않았다.) 하지만 감정적인 기억(어떤 기분을 느끼게 하는 것)은 해마를 떠난 뒤에 바로 옆에 있는 편도체로 이동한다. 정보가 이동하는 거리가 짧을수록 도중에 손실될 가능성이 줄어들기 때문에 감정이 기억에 오래 남는다. 해마가 기억을 회상하는 데 관여하고 정보 찾기를 조직화하도록 돕는다는 것도 이를 뒷받침하는 중요한 사실이다. 배우고자 하는 정보를 감정적인 것과 연관시키면 해당 정보를 저장하고 기억하는 데 도움이 된다.

비밀번호를 기억하고 싶다면 감정과 관련된 비밀번호를 만들자. 자신에게 의미 있는 단어나 구절을 사용하는 것이다. 뭔가 우스꽝스러운 것, 무서운 것, 감성적인 것도 좋다.

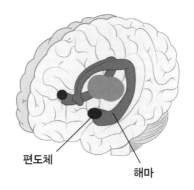

편도체

해마

　음악이 기억에 그토록 강력하게 작용하는 이유도 감정적인 연결 때문이다. 음악은 뇌 전체에 저장되기 때문에 노래와 광고 음악은 기억에 정말 오래 남는다.[13] 음악에는 감정이 담겨 있고 그 감정은 편도체에 저장된다. 또 음악에는 뇌의 운동 부분에 저장되는 리듬이 있다 (이 얘기는 잠시 뒤에 더 자세히 하자). 그리고 음악에는 당연히 소리가 있는데, 이건 뇌의 청각 부분에 저장된다. 다시 말하지만, 기억을 조각내서 여러 곳에 저장해둘수록 오래 기억할 가능성이 높아진다(그리고 내가 이 말을 여러 번 반복한다면 여러분은 이 정보도 여러 장소에 저장하게 될 것이다). 뭔가를 기억하려고 애쓰고 있다면, 그걸 음악처럼 만들어서 멜로디를 지정해보는 것도 방법이다.

○ 누가 내 머릿속의 노래 좀 꺼줘!

기억을 잘하는 문제에 대해서는 많이 얘기했지만, 잊고 싶은 게 있을 때는 어떻게 해야 할까? 어떤 노래가 계속 머릿속에 맴돈 적이

있는가? 이런 걸 비자발적 음악 기억 또는 이어웜이라고 한다. 휴식을 취할 때 좋아하는 노래가 귓전에 맴돈다면 즐겁겠지만, 머릿속의 노래가 집중을 방해한다면 이 방법을 써보자. 바로 껌을 씹는 것이다.[14] 입 안에서 무언가를 씹으면 이런 무의식적인 기억이 남는 것을 방해한다.

또 다른 팁도 있다. 정말 기억하고 싶은 정보나 사실이 있다면 그 정보가 포함된 우스꽝스러운 시를 써보자. 물론 터무니없는 얘기처럼 들릴 수도 있지만, 뇌의 감정적인 부분을 끌어들이면 그 정보는 기억에 남는다.

❹ 몸으로 기억해라

운동기억은 움직임에 대한 기억이다.[15] 비선언적 기억이라고 하는 이 기억은 유난히 강하며, 우리가 자전거 타는 법을 절대 잊어버리지 않는 것도 이런 이유 때문이다. 또 대부분의 경우, 기억상실증을 앓는 사람들도 셔츠 단추를 잠그는 법이나 신발끈을 묶는 법은 잊어버리지 않는 이유이기도 하다. 기억상실증과 일부 치매 환자도 운동기억은 손상되지 않는 경우가 종종 있다.[16] 기억상실증에 걸린 음악가의 예로 유명한 피아노 연주자인 클라이브 웨어링Clive Wearing이 있다. 클라이브는 기억상실증에 걸리기 전에 알고 있던 모든 곡을 여전히 연주할 수 있지만 곡의 제목이나 그걸 어디서 배웠는지는 기억하지 못한다.[17] 이는 피아노를 연주할 때는 운동

기억이 관여하는데 반해, 곡 제목이나 관련 정보는 뇌의 다른 영역을 사용하기 때문이다.

또 여러 개의 단어를 외우려고 할 때, 각각의 단어와 관련된 그림을 그리면서 외우면 더 많이 기억할 수 있다.[18] 그 작은 낙서는 기억에 도움이 되는 몇 가지 중요한 요소를 사용한다.

- 그림 그리기는 운동 기술이다.
- 그림을 그리려면 시간이 걸리는데, 이는 해마가 해당 정보가 중요하다는 걸 깨닫도록 도와준다.
- 낙서를 할 때는 우리가 그리는 대상이 어떻게 생겼는지 생각하기 때문에 시각화에 도움이 된다.
- 그림을 그릴 때 종종 그림과 감정을 연결시킨다.

젊은 사람과 나이 든 사람을 대상으로 한 연구에서, 실험 참가자들이 기억하려는 단어를 그림으로 그릴 때 기억력이 향상되는 걸 발견했는데 이는 그들이 운동기억을 활용했기 때문이다.[19]

잠시 시간을 들여서 지금 배우는 정보를 시각화하는 건 강력한 기술이다. 눈을 감고 머릿속에 그림을 그려보자. 뇌의 시각적인 부분은 유난히 강하다. 이 책 앞부분에서 소개한 주목할 만한 이들을 다시 살펴보면, 연구진은 슈퍼 에이저들이 정보를 기억하고 떠올릴 때 뇌의 시각적인 부분을 활성화한다는 걸 발견했다. 이것이 그들이 지닌 기억력의 비밀 중 하나라고 여겨진다.[20]

"난 그냥 정보를 외우고 싶을 뿐인데 정말 이런 비법을 다 활용해야 하는 거냐?"라고 말하는 사람이 많다. 그건 "난 전성기 때의 아널드 슈워제네거 같은 몸매를 가지고 싶지만 체육관에 가고 싶지는 않다"라고 말하는 것과 같다. 솔직히 그 정도로 열심히 노력할 필요는 없다. 하지만 어떤 정보의 경우, 해마에게 그 정보를 꼭 기억해야 한다는 걸 알려주고 싶다면 노력을 좀 기울일 필요가 있다.

'SAVED' 암기법

암기법은 뇌가 정보를 기억하도록 돕는 방법이다. 기억력 향상을 위해 지금까지 다룬 모든 기억력 기술을 기반으로 만든 아래의 'SAVED 암기법'을 이용해서 기억해보자.

S: 크게 소리 내어 말하라(Say it out loud)

A: 연관시켜서 기억하라(Associate something with it)

V: 시각화하라(Visualize it)

E: 감정적으로 연결하라(Emotionally connect with it)

D: 그림을 그려라(Draw it)

창의적인 뇌를 만드는 법

내가 가장 좋아하는 두 음악가가 멋진 노래가 탄생하는 과정에 대해서 얘기하는 모습을 담은 동영상을 인터넷에서 발견했다. 빌리 조엘이 돈 헨리에게 물었다. "언제 그 노래의 영감을 얻었나요? 피아노나 기타를 연주할 때? 아니면 몇 시간씩 음표나 멜로디를 가지고 작업할 때인가요?" 그러자 헨리는 자기가 작곡한 노래가 그런 식으로 만들어진 경우는 거의 없다고 대답했다. 그보다는 설거지를 할 때 가끔씩 영감의 불꽃이 튄다는 것이다. 조엘도 그런 '영감의 순간'은 대부분 설거지를 하거나 아무 생각 없이 반복적인 작업을 할 때 찾아온다는 말에 동의했다. 헨리는 때때로 멋진 악상이 떠오르길 바라면서 설거지를 하기도 한다고 덧붙였다.

그들이 토론하는 모습을 보면서 뇌가 창의성을 발휘하는 방법에 대한 일련의 연구가 생각났다. 그중 신경과학자이자 심리학자인 낸시 안드리아센은 다양한 분야에서 활동하면서 그 분야의 판도를 바꾼 획기적인 13명의 사람들을 연구했다. 그들은 노벨상, 오스카상, 퓰리처상 그리고 노벨 과학상을 수상하는 등 대단한 성과를 가진 이들이었다. 그녀는 이들이 훌륭한 아이디어를 얻기 위해 모두 같은 과정을 거쳤는지 연구하고 싶었다.

안드리아센과 연구진은 피험자들을 따라다니고, 그들의 뇌를 스캔하며 광범위한 인터뷰를 실시했다. 심지어 그들의 모든 움직임을 추적하기 위해 피험자들과 함께 살기까지 했다. 안드리아센과 연구진은 피험자들의 직업에 따라 혁신적인 사고 과정이 다를 것이라는 가설을 세웠다. 예를 들어, 수학을 연구하는 사람은 작가나 예술가와는 다른 과정을 거칠 것이라는 가설이다. 그런데 놀랍게도 이들을 연구한 결과, 종사하는 분야가 무엇인지는 본질적으로 중요하지 않았다. 그들은 모두 유사한 방식으로 영감을 얻었는데 이 결과는 뒤에서 더 자세히 알아볼 것이다. [21]

몰입과 휴식의 힘

생산성이 높은 직원은 어떤 모습일지 한 번 상상해보자. 아마 당신의 머릿속에는 거래처와 전화 통화를 하면서 컴퓨터 화면 속 문서를 작성하며 바쁘게 일하는 직원의 모습이 떠오를 것이다. 이렇게 두뇌를 최대한 활용해 멀티태스킹하고, 적극적으로 돌파구를 찾는 직원이 생산성 높은 직원일까? 사실 이들은 열심히 일하는 직원일 뿐, 창의적이고 생산성 높다고는 할 수 없다. 창의적이고 생산적인 아이디어는 오히려 뇌를 최대한도까지 밀어붙이지 않을 때 나오기 때문이다.

하지만 요즘 사람들의 뇌는 가만히 있어도 쉴 틈이 없다. 인터넷 속 각종 뉴스와 글들, 여기저기 울리는 음악 소리 등 우리는 모두 끝없는 정보의 흐름에 빠져 있다. 마치 두더지 잡기 게임 속 두더지처럼, 집중력이 계속 옮겨 다니는 셈이다. 이렇게 쏟아지는 정보의 바다에서 종일 헤엄치다 보면 금세 지치고, 많은 걸 했어도 비생산적인 기분이 들기 마련이다. 매일 이런 기분을 느끼게 되면 일에서 열정과 성취감을 잃어버리는 '번아웃'을 경험하기 쉽다. 직원 중 절반 이상이 번아웃을 겪고 있다는 회사도 있다고 하니 이는 매우 심각한 문제다.[22] 또한 이 번아웃의 수준이 심한 사람의 경우 심장질환을 앓을 위험이 79퍼센트나 증가하니 더욱 위험할 수밖에 없다.[23]

새로운 것을 배우고, 생산성을 높이고, 즉흥적으로 혁신적인 사고를 하기 위해 두뇌를 극대화하는 방법은 크게 두 가지 단계로 나눠 정리해볼 수 있다.

- 1단계: 최소한의 시간 안에 가장 많은 정보를 얻을 수 있도록 뇌의 능력을 최적화하자.
- 2단계: 새로운 정보와 이전에 저장해둔 정보를 가져와 이를 활용해서 창조와 혁신을 이루자.

뇌 기능을 극대화하는 과정에서 가장 중요한 부분은 물론 건강한 뇌를 갖는 것이지만, 뇌가 건강한 것만으로는 잠재력을 완전히 발휘할 수 없다. 안드리아센의 연구로 돌아가보자. 안드리아센은 모든 피험자가 매일 자신이 달성하고자 하는 한 가지 작업에만 집중해 깊이 몰입한 채로 시간을 보냈단 사실을 발견했다. 멀티태스킹은 하지 않았다.[24] 산만한 분위기는 깊고 창의적인 사고를 방해할 뿐이다.

영감은 느닷없이 생기는 게 아니다. 그건 작가 칼 뉴포트Cal New-port가 '딥 워크deep work'라고 표현한 몰입력에 그 뿌리를 두고 있다. 아이작 뉴턴은 머리에 사과가 떨어진 첫 번째 인물이 아니다. 하지만 사과가 떨어진 그 순간까지 수십 년 동안 해온 딥 워크 덕분에 단순한 명 이상의 것을 얻을 수 있었던 것이다. 빌리 조엘과 돈 헨리는 방해받지 않고 깊게 몰입하면서 피아노와 기타 실력을 연마하고 연주와 작곡에 매진했다. 그러다가 가장 예상하지 못한 순간(설거지를 하거나, 샤워를 하거나, 차를 몰고 장을 보러 가는 등)에 영감이 떠올라 우리가 사랑하는 상징적인 노래를 만들어낸 것이다.

안드리아센과 다른 사람들이 이 연구를 통해 밝혀낸 것은 생산성을 극대화하려면 뇌가 한 가지 일에 집중하는 시간과 한 걸음 물러서서 긴장을 푸는 시간이 균형을 이루어야 한다는 것이다.[25] 우리 뇌의 기능을 최적화하기 위해서는 힘든 일과 휴식이 모두 필요하다.

어떤 면에서 보면 우리 뇌는 컴퓨터와 같다. 컴퓨터로 작업을 하는 동안 앱을 업데이트하거나 다른 프로그램을 이용할 수 있는 것처럼, 우리가 문제에 대해 생각하지 않을 때에도 뇌는 문제를 해결할 수 있다. 재밌게 읽은 책의 작가나 방금 본 영화 속 배우의 이름이 생각나지 않아 답답한 경우가 종종 있다. 그 이름이 혀끝에서 맴도는데 결국 떠오르지 않는다. 그러다가 몇 시간 후에 (그 책이나 영화에 대해 생각하지 않고 있을 때) 문득 그 이름이 떠오른다. 이게 바로 뇌가 백그라운드에서 우리의 문제를 해결하려고 한 예시다.

이렇듯 뇌는 우리의 의식 이상으로 강력하다. 우리는 뭔가를 알지만 그걸 어떻게 알고 있는지조차 모른다. 하지만 뇌는 알고 있다. 그리고 뇌가 이 정보에 접근하려면 긴장을 풀어야 한다. 바빠 보이는 모습이 보상받는 사회, 뇌를 최대한 활용하기보다 햄스터처럼 쳇바

퀴를 돌려야 하는 사회에서 긴장을 풀라는 말은 배부른 소리처럼 들린다. 하지만 그저 열심히 하는 것만으로는 안 된다. 때때로 완전히 긴장을 풀 줄도 알아야 한다. 몰입과 휴식의 공식은 더 잘 배우고, 더 멋진 창의력을 발휘하는 데 도움이 될 뿐 아니라 건강한 뇌를 지키는 데도 효과적이다.

뇌가 진정 쉴 수 있도록 도우려면 어떻게 해야 할까? 한동안 완전히 집중한 뒤에는 자기가 좋아하는 일을 하며 시간을 보내자. 쉴 때도 한 가지 일만 해야 한다. 그리고 스마트폰은 전원을 꺼 손과 시선이 닿지 않는 먼 곳에 치워두자. 그리고 다음과 같이 완전히 다른 일에 집중해보자.

- 10분 동안 산책한다.
- 잠깐 운동을 한다.
- 마사지를 받는다.
- 청소나 설거지를 한다(가능하면 우리 집에 와서 해주면 좋겠다).
- 수영을 한다.
- 음악을 듣는다.
- 악기를 연주한다.
- 호흡 훈련을 한다.
- 아니면 그냥 몇 분 동안 눈을 감고 아무것도 하지 않는다.

여러분이 나와 비슷하다면, 컴퓨터나 스마트폰에 무수히 많은 창이 열려 있을 것이다. 그러다가 기기가 예전처럼 원활히 작동하지 않을 때, IT 부서나 기술지원팀에 연락을 할 것이다. 이때 전문가들이 해주는 조언은 대부분 같다. "기기를 껐다가 몇 분 뒤에 다시 켜보세요." 그건 뇌에도 적용되는 아주 좋은 조언이다. 하루를 지내다 보면 뇌의 잠재력을 최대한 발휘하기 위해 전원을 끄고 휴식을 취해야 하는 때가 온다는 사실을 잊지 말자.

당신이 발견하게 될 진정한 잠재력

뇌와 창의력을 최적화하는 단계를 마스터하려면 시간이 걸린다. 간단해 보일지 모르지만 이를 구현하는 과정이 항상 직관적이지만은 않다. 날마다 조금씩 시간을 내서 아래의 과정을 연습해보자.

1. 자신에게 어떤 정보가 가치 있는지 결정한다. 다른 건 전부 주의를 산만하게 하므로, 의도적으로 최대한 많이 제거하자.
2. 타이머를 설정해두고 하루에 적어도 10분 동안은 중요한 일 한 가지에 집중한다. 10분씩 집중하는 데 익숙해졌으면 15분으로 늘렸다가 다시 20분, 25분으로 늘려보자.
3. 작업을 마친 뒤에는 몇 분간 뇌가 완전히 쉴 수 있도록 휴식을 취하자.
4. 이 과정을 반복한다.

위의 3단계를 시도한다고 해서 당신이 찾고자 하는 문제의 완전한 해결책을 바로 찾지 못할 수도 있다. 이때는 산발적으로 아이디어가 떠오르는 상태에 가깝기 때문에 이를 붙잡고 더 깊이 집중해 살펴보는 과정을 거쳐야 한다. 따라서 획기적인 아이디어를 실현시키고 싶다면 이 주기를 정말 여러 차례 반복해야 한다.

이 퍼즐에는 조각이 하나 더 남아 있다. 낸시 안드리아센은 앞선 연구에서 방금 설명한 공식 외에도 또 하나의 공통점이 있다는 걸 발견했다. 바로 끈기다. 그들은 결코 포기하지 않았다.[26] 이것은 뇌를 젊게 유지하는 문제에서도 마찬가지다. 포기하지 말고 매일 작은 걸음을 내디뎌야 한다.

이 간단한 연습을 통해 뇌가 금세 지금까지 경험한 그 어떤 것보다 놀랍고 혁신적인 아이디어를 내놓는 것을 보고 놀랄지도 모른다. 이 '깨달음'의 순간은 여러분이 뇌를 제대로 대접해 받게 된 보상이다. 여러분의 뇌가 여러분을 위해 준비해둔 멋진 아이디어들을 생각하면 정말 신이 난다. 그리고 이 책에서 배운 전략을 활용하면 앞으로도 계속 아이디어를 쏟아낼 것이다. 이게 다 균형 잡히고 건강하며 노화의 영향을 받지 않는 두뇌 덕분이다.

뇌를 평생 젊게 유지할 수 있는 마법의 명약이 있다면 얼마나 좋을까? 현대의 과학은 매우 빠른 속도로 발전했지만, 우리는 여전히 치매나 알츠하이머병, 우울증, 불안 장애의 완벽한 치료법은 찾지 못했다. 그러나 슬퍼할 필요는 없다. 지금까지 살펴본 바와 같이 생활 방식을 조금 바꾸는 것만으로도 뇌를 젊고 건강하게 유지할 수 있기 때문이다. 핀란드에서는 알츠하이머병에 걸릴 위험이 높은 60~77세 사이 1000명을 대상으로 이 책에서 소개한 식습관, 수면, 운동 습관을 바꾸고 기저 질환을 관리하는 프로그램에 참여시켰다. 그 결과 인지 테스트 점수가 25퍼센트 높아졌고, 본인의 일과를 관리하는 능력 또한 83퍼센트 증가했으며 두뇌 처리 속도는 두 배 이상 증가했다.[1]

웨일 코넬 의과대학에서 진행한 연구에서 역시 사람들이 이 책에서 다룬 방법들을 실천하자 기억력 감퇴의 수준이 개선됐다.[2]

이처럼 이 책에서 소개한 방법은 '웰빙'을 콘셉트로 마케팅을 앞세우는 현대사회에서 우리 뇌를 보호할 수 있는 과학적이고 구체적인 실행 가이드다. 나는 이를 '브레인 키핑 10계명'이라 부른다.

첫째, 뇌의 노폐물을 씻어내기 위해 수면을 우선시하라.

둘째, 새로운 것을 배워 뇌세포 사이의 새로운 연결을 만들어라.

셋째, 사교적인 활동에 참여하라.

넷째, 만성적인 스트레스를 관리하기 위해 급성 스트레스를 잘 받아들이고 마음챙김을 실천하라.

다섯째, 식습관을 개선하고 스트레스를 관리해 염증을 관리하라.

여섯째, 초가공 식품을 피하고, 상하는 음식을 먹어라.

일곱째, 매일 30분을 걷는 등 적당히 움직여라.

여덟째, 자연과 함께하는 시간을 늘려서 독소 접촉을 최소화하라.

아홉째, 혈압과 콜레스테롤 수치를 조절해 심장을 관리하라.

열째, 정신 건강 문제 역시 신체 건강과 같이 챙겨라.

당신은 이 책을 읽으면서 위 10계명 중 적어도 두 가지는 해냈다. 새로운 것을 배워 뇌세포의 연결이 늘어났을 것이고, 아니면 책을 읽다 잠에 들었을지도 모른다. 어느 쪽이든 뇌 건강에는 좋으니 문제 없다.

이 책을 여기까지 읽은 당신에게 전하고 싶은 중요한 메시지는 바로 뇌 건강을 지키는 건강한 습관은 매일 작은 행동이 쌓여 습관이 된다는 것이다. 몇 주 혹은 몇 달 동안 10가지 건강한 습관을 다 실천하려고 애쓰다 보면 결국 포기하게 된다. 어떤 사람은 이를 보고 "그래 10가지란 말이지? 당장 시작해보자!"라고 말할 것이고, 또 어떤 사람은 "너무 많잖아. 어디서부터 시작해야 하는 거야?"라고 말할 것이다. (낮잠을 잘 때는 30분 이내로 자자.) 그보다는 매일 최소 이 10계명 중 세 가지를 실천해보는 걸로 목표를 삼아보자. 예컨대 아침 산책을 하고, 식단에 채소를 추가하고, 매일 책을 조금씩 읽어보는 것이다. 그것 역시 부담된다면 이 10계명을 조금씩 틀어서 실천해보자. 그 변화가 습관이 되면, 다른 것들을 추가해보자. 그렇게 차츰 늘려가는 것만으로도 충분하다.

이미 앞서 많은 연구를 살펴봤지만, 이번엔 내가 가장 좋아하는 연구 결과를 소개하고 싶다. 과학자들은 뇌를 젊어지게 하는 데 걷기보다 좋은 방법이 있는지 궁금했다. 그래서 80대 참가자들을 대상으로 조사한 결과, 걷기보다 효과적인 활동 하나를 찾아냈다. 바로 춤이다.[3]

발레, 힙합, 사교댄스 등 그 어떤 춤이든 상관없다. 그리고 잘하든 못하든 그건 중요하지 않다. 춤을 배우는 과정에는 다양한 수준의 학습이 수반되기 때문이다. 춤은 신체적인 운동으로 정신적 자원과 기억력을 사용한다. 또 사람들과 함께하므로 사교적인 활동이 되기도 하며, 음악을 들으며 청각이 자극되기도 한다. 스트레스 역시 해소

된다. 어찌 춤을 추지 않을 수 있을까! 춤뿐만 아니라 연구에 따르면 스포츠를 하거나 노래를 부르는 것 역시 뇌를 다방면에서 자극시킨다고 하니 조금씩 선택의 폭을 늘려가보는 것도 좋겠다.

'뇌가 늙는다'는 사실 그 자체만으로도 우리는 스트레스 받고 불안해질 수 있다. 하지만 뇌과학은 이 모든 심각성과 스트레스 속에서도 변치 않는 단순한 진실을 발견한다. 바로 우리의 놀라운 뇌에게는 '즐거운 시간'이 필요하다는 사실이다. 뇌를 더 많이 이해하면 할수록 일상생활을 재미있게 유지하는 게 얼마나 중요한지 깨닫게 된다. 노래하고, 춤추고, 새로운 걸 배우고, 사람들을 만나며 스포츠를 즐기고 취미를 시작하자. 그리고 사랑하는 이들과 함께하자. 매일 즐겁게 지내자. 그렇게만 할 수 있다면 당신의 뇌는 30년을 넘어 평생 건강한 모습 그대로 당신 곁에 있어줄 것이다.

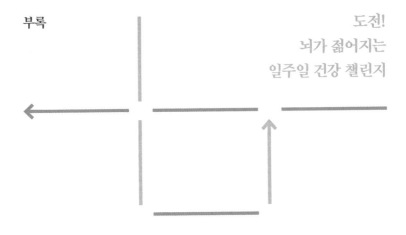

도전!
뇌가 젊어지는
일주일 건강 챌린지

3부에서 함께 살펴본 두뇌 건강에 좋은 습관을 빠르게 익히고 싶다면 '일주일 건강 챌린지'에 도전해보자. 이 챌린지의 목표는 틀에 맞춰진 일주일 계획을 완벽하게 수행하는 게 아니다. 그보다는 평소에 해보지 않았던 새로운 일을 시도하고, 지금 내 기분을 확인하고, 7일이 지난 뒤 내 삶에 적용시키고 싶은 습관이 무엇인지 탐색해보는 일에 가깝다. 다만 그러기 위해서는 일주일 동안 평일, 주말에 상관없이 똑같은 시간에 일어나고, 같은 시간에 잠자리에 들어야 한다. 만약 기상 시간이 자신의 라이프스타일에 비해 너무 이르다면, 그에 맞춰서 조정해보길 바란다.

이 챌린지는 월요일부터 금요일까지, 오전 9시부터 오후 5시까지 근무하는 일정에 맞춰 작성했다. 또 직장으로 출퇴근하고 식단에 고기와 유제품이 포함된다고 가정했다. 만약 은퇴했거나, 일정이 유동적이거나, 프리랜서거나, 집에서 일하는 등 자신만의 라이프스타일이 있다면 아래 규칙에 따라 나에게 맞는 형태로 바꿔 도전해보길 바란다.

기상 및 수면 시간 조정하기

남들보다 일찍 혹은 늦게 출근하거나, 매일 8시간씩 잘 필요가 없다면 기상 시간과 취침 시간을 다르게 설정하자. 다만 이 테스트는 적어도 3~4일은 지속해야 하며, 잠자리 들기 전 2시간 동안 '전자 기기를 사용하지 않는다'는 규칙은 절대 바꿔서는 안 된다. 이 말인즉, 스마트폰의 알람도 맞출 수 없다는 뜻이다. 따라서 자신에게 필요한 수면 시간을 파악해 조정하는 것이 중요하다.

업무 시간이 다르다면

월요일부터 금요일까지, 오전 9시부터 오후 5시까지 근무하지 않는 사람은 본인의 일정에 맞게 근무일과 시간을 조정하자. 만약 은퇴했다면, 자신에게 적합한 시간을 지정하면 된다.

통근 시간 활용이 어렵다면

집에서 일하거나 직장에서 아주 가까운 곳에 산다면, 일을 시작하고 끝마치기 전에 20~30분 정도의 시간을 내서 업무 모드에서 휴식 모드로 전환하는 '정신적 통근' 시간을 갖자.

식단이 나에게 맞지 않다면

비건이나 채식주의자라면 뇌 건강에 좋은 식물성 식사로 바꿔보자. 이때도 마찬가지로 첨가물을 최소화하고 몸에 좋은 지방과 단백질을 우선시하며, 다양한 과일과 채소를 먹어야 한다는 기본 원칙에 따라야 한다.

운동할 시간이 없다면

바쁜 일상 속에서 120분 운동을 하는 게 얼마나 어려운 일인지 나도 잘 알고 있다. 만약 매일 헬스클럽에 가거나 운동 강좌를 듣는 등 운동을 위해 따로 시간 내기가 어렵다면, 아래의 해결책을 참고해보자.

- 식사 후에 하는 산책 중 하나를 좀 더 긴 달리기로 바꿔보자.
- 근무일 중에 잠깐 운동을 할 수 있도록 세 개의 시간대를 따로 빼둔다.
- 시간마다 5분씩만 몸을 움직이자. 평소 6~7시간을 앉아 있다고 가정

하면 결국 하루 30분씩 운동을 할 수 있게 된다. 55분에 울리도록 타이머를 설정해두고 다음과 같은 운동을 해보자.

- 팔 벌려 뛰기 1분
- 런지 1분
- 스쿼트 1분
- 플랭크 1분
- 바닥이나 벽을 짚고 팔굽혀펴기 1분

이렇게 일주일 챌린지를 즐기면서 따라가다 보면 자신에게 가장 적합한 게 무엇인지 실험하고 확인할 수 있을 것이다.

월요일

오전 07:00	기상!
오전 07:15	밖에 나가서 10분간 산책하기
오전 07:30	아침 식사 바나나와 아몬드 버터, 이것만 먹거나 두뇌 기능 강화를 위해 통곡물 빵에 얹어 먹는다. 칼로리가 더 필요한 경우 완숙 달걀과 베리류를 곁들인 그릭 요거트를 먹는다.
오전 08:00	출근길 통근 시간을 학습 시간으로 활용해서 유익한 팟캐스트나 오디오북을 듣는다.
오전 09:00	업무 시작
오후 12:00	점심 식사 통곡물 토르티야에 잎이 많은 채소, 찐 채소, 콩, 그리고 참치, 연어, 두부, 닭고기 같은 기름기 없는 단백질을 싸서 먹는다.
오후 12:45	점심 식사 후 10분간 산책하기
오후 03:30	두뇌 건강 간식 챙기기 : 후무스와 채소
오후 05:00	퇴근길 대화를 나누고 싶은 친구나 친척에게 전화를 한다.
오후 06:00	30분간 저녁 운동
오후 06:45	저녁 식사 브로콜리, 아스파라거스, 버섯, 시금치, 구운 피망, 방울토마토를 넣은 오믈렛. 페타 치즈나 모차렐라 치즈를 섞어도 좋다. 간단한 샐러드나 통밀 롤을 곁들여도 괜찮다.
오후 07:45	저녁 식사 후 10분간 산책하기
오후 09:30	전자 기기를 모두 종료하고, 취침 전 마음챙김 수련을 한다.
오후 10:30	취침

+ 오늘의 팁   아침 산책을 하는 습관을 들이려면 운동화를 눈에 잘 띄는 곳에 두자. 혼자 걸어도 되고 다른 사람들과 함께 걸어도 되는데, 둘 다 뇌 건강에 도움이 된다. 그날 필요한 게 뭔지 스스로에게 물어보고 그걸 얻기 위한 시간을 갖자.

화요일

오전 07:00	기상!
오전 07:15	밖에 나가서 10분간 산책하기
오전 07:30	**아침 식사** 오트밀. 즉석식품도 괜찮지만 설탕이 첨가된 오트밀은 피한다. 베리류(냉동이든 생과일이든 다 괜찮다)를 많이 넣고 단백질 양을 늘리고 싶다면 아몬드 버터를 섞자.
오전 08:00	**출근길** 통근 시간을 학습 시간으로 활용해서 유익한 팟캐스트나 오디오북을 듣는다.
오전 09:00	업무 시작
오전 11:30	점심 식사 전에 30분간 운동
오후 12:00	**점심 식사** 자기가 가장 좋아하는 푸짐한 샌드위치를 준비한다. 통곡물빵을 선택하고 질산염이 함유된 가공육은 멀리하자. 시금치, 토마토, 아보카도를 추가하자.
오후 12:45	점심 식사 후 10분간 산책하기
오후 03:30	두뇌 건강 간식: 비트 칩
오후 05:00	**퇴근길** 좋아하는 프로그램을 시청한다. 혹은 스탠드업 코미디를 보거나 재미있는 오디오북이나 팟캐스트를 듣는다.
오후 06:45	**저녁 식사** 연어에 구운 뿌리채소와 약간의 올리브유, 현미 또는 퀴노아를 곁들인다. 연어 요리를 넉넉히 만들고 밥도 더 추가하면 남은 음식은 내일 또 먹을 수 있다.
오후 07:45	저녁 식사 후 10분간 산책하기
오후 09:30	전자 기기를 모두 종료하기
오후 10:30	취침

+ 오늘의 팁 직장에서 집중하기가 어렵다면 16장에서 함께 살펴본 포모도로 방법에 도전해보자.

수요일

오전 07:00	기상!
오전 07:15	밖에 나가서 10분간 산책하기
오전 07:30	**아침 식사** 그린 스무디. 잎이 많은 채소, 베리류, 바나나, 찐 비트, 그릭 요거트, 견과류 버터, 치아시드 중 자기 마음에 드는 것들을 섞어서 간다. 더 든든한 아침 식사를 원한다면 어젯밤에 먹고 남은 퀴노아나 현미 위에 달걀을 올려보자.
오전 08:00	**출근길** 통근 시간을 학습 시간으로 활용해서 유익한 팟캐스트나 오디오북을 듣는다.
오전 09:00	업무 시작
오후 12:00	**점심 식사** 녹색 채소와 다른 여러 가지 채소 위에 어젯밤에 만든 연어를 올리고 비네그레트소스를 곁들인 연어 샐러드. 필요하다면 통밀빵을 추가한다.
오후 12:45	점심 식사 후 10분간 산책하기
오후 03:30	두뇌 건강 간식: 호두와 아몬드
오후 05:00	**퇴근길** 예술 혹은 건축, 아니면 과학과 역사 등 자신의 직업 외 관심 있는 분야의 유익한 팟캐스트를 찾아 들어본다.
오후 06:00	30분간 저녁 운동
오후 06:45	**저녁 식사** 파히타. 양념해서 볶은 닭고기나 두부, 검은콩, 길게 썬 파프리카, 양파에 통곡물 토르티야를 곁들인다. 내일 아침 식사를 위해 단백질과 채소를 좀 남겨두자.
오후 07:45	저녁 식사 후 10분간 산책하기
오후 09:30	전자 기기를 모두 종료하기
오후 10:30	취침

+ **오늘의 팁**   건강에 좋은 음식을 먹는 습관을 들이는 손쉬운 방법 중 하나는 달콤한
간식은 집을 나서야만 먹을 수 있게 하는 것이다. 신선한 과일과 채소를
냉장고와 부엌 곳곳에 놔두고 입이 심심할 때 먹도록 하자.

목요일

오전 06:30	**기상!** 새벽 운동이 가능한 상황이라면 오늘은 조금 더 일찍 일어나보자.
오전 06:45	밖에 나가서 10분간 산책하기 산책을 준비 운동 삼아 이어서 바로 30분간 운동을 한다.
오전 07:30	**아침 식사** 남은 음식으로 만든 스크램블. 스크램블드 에그에 맛과 식감을 더하기 위해 어제 저녁에 쓰고 남은 재료를 사용한다. 맛을 돋우기 위해 살사를 곁들여 보자. 필요하다면 오트밀이나 통밀 토스트 같은 건강에 좋은 탄수화물을 추가한다.
오전 08:00	**출근길** 통근 시간을 학습 시간으로 활용해서 유익한 팟캐스트나 오디오북을 듣는다.
오전 09:00	업무 시작
오후 12:00	**점심 식사** 블루베리 발사믹 드레싱을 곁들인 치킨과 아보카도 샐러드. 필요하다면 현미나 통밀 파스타처럼 두뇌 건강에 좋은 탄수화물을 추가한다.
오후 12:45	점심 식사 후 10분간 산책하기
오후 03:30	두뇌 건강 간식: 과일이나 채소를 곁들인 코티지 치즈
오후 05:00	**퇴근길** 외국어 학습에 도전하기. 제2외국어를 할 줄 알거나 배우고 있다면 그 언어로 된 뉴스나 팟캐스트를 들어보자. 아니면 관심 있는 새로운 언어의 초보자용 학습 자료도 좋다. 뉴스나 팟캐스트가 너무 어렵다면 외국어로 된 미취학 아동용 만화 프로그램을 듣는 것도 좋은 방법이다.
오후 06:45	**저녁 식사** 된장 양념을 바른 생선(도미 등) 요리와 찐 브로콜리니. 필요하다면 현미, 통밀 롤, 퀴노아처럼 건강에 좋은 탄수화물을 추가한다.
오후 07:45	저녁 식사 후 10분간 산책하기
오후 09:30	전자 기기를 모두 종료하기
오후 10:30	취침

+ 오늘의 팁 시원한 방에서 자야 잠이 잘 온다는 걸 기억하자. 밤에 자꾸 뒤척인다면
10장을 다시 읽고 온도 조절기를 확인해보자.

오전 07:00	기상!
오전 07:15	밖에 나가서 10분간 산책하기
오전 07:30	아침 식사 아침 식사용 파르페. 달지 않은 그릭 요거트에 베리와 견과류를 층층이 쌓는다. 하루를 보내기 위한 연료가 더 필요하다면 통곡물 토스트에 삶은 달걀과 아보카도를 얹어서 먹는다.
오전 08:00	출근길 통근 시간을 학습 시간으로 활용해서 유익한 팟캐스트나 오디오북을 듣는다.
오전 09:00	업무 시작
오전 11:30	점심 식사 전 30분간 운동하기
오후 12:00	점심 식사 초밥(연어-아보카도 또는 현미로 만든 오이 말이), 풋콩, 된장국
오후 12:45	점심 식사 후 10분간 산책하기
오후 03:30	두뇌 건강 간식: 팝콘
오후 05:00	퇴근길 테드 강연 듣기. 행복을 주제로 한 테드 강연을 들어보자.
오후 06:45	저녁 식사 구운 닭고기에 고구마와 껍질콩을 곁들인다. 후식으로 과일을 추가하자.
오후 07:45	저녁 식사 후 10분간 산책하기
오후 09:30	전자 기기를 모두 종료하기
오후 10:30	취침

+ 오늘의 팁 주말의 시작이긴 하지만 오늘 밤 늦게까지 깨어 있고 싶은 유혹을 뿌리쳐야 한다. 한 주 동안 일하느라 완전히 지쳤다면, 일정을 살짝 바꿔서 내일은 알람이 조금 늦게 울리도록 맞춰도 된다. 그러나 가능하면 주말에도 취침 시간과 기상 시간을 주중과 동일하게 유지해야 한다. 그렇지 않으면 다음 주 월요일의 기상과 취침 시간을 유지하는 데 필요한 체내 시계가 꺼져버린다.

토요일

오전 07:00	기상!
오전 07:15	밖에 나가서 10분간 산책하기
오전 07:30	아침 식사
	스크램블드 에그 타코. 익히거나 익히지 않은 시금치, 검은콩, 잘게 썬 토마토, 과카몰레를 넣는다
오후 12:00	점심 식사
	구운 채소를 곁들인 연어. 필요하다면, 현미, 퀴노아, 통밀 롤 같은 건강에 좋은 탄수화물을 추가한다.
오후 12:45	점심 식사 후 10분간 산책하기
오후 01:00 ~03:00	최소 30분간 운동하기
	토요일이니만큼 운동 시간을 더 늘려도 좋다. 친구들과 스포츠 활동을 하거나, 새로운 종류의 요가 또는 그룹 피트니스를 시도하거나, 등산, 자전거 타기, 카누 여행 등을 즐기자.
오후 03:00	두뇌 건강 간식: 치아시드 푸딩
오후 06:45	새로운 기술을 배워보기
	예술, 공예를 배울 수 있는 온라인 튜토리얼을 이용하거나, 평소 연주하는 악기로 새로운 노래를 배우거나, 심지어 최신 틱톡 댄스를 배울 수도 있다. 그냥 재미있게 즐기자. 어쨌든 토요일 아닌가.
오후 06:45	저녁 식사
	브로콜리니와 애호박 면 또는 통곡물 파스타를 곁들인 기름기 없는 돼지갈비.
오후 07:45	저녁 식사 후 10분간 산책하기
오후 09:30	전자 기기를 모두 종료하기
오후 10:30	취침

+ 오늘의 팁 소셜 미디어 안식 기간을 가져보자. 주말에 적어도 두 시간 정도는 휴대폰을 치워두는 것이다. 블루 스크린을 멀리하자.

일요일

오전 07:00	기상!
오전 07:15	밖에 나가서 10분간 산책하기
오전 07:30	**아침 식사** 채소 오믈렛. 어젯밤에 먹고 남은 음식을 활용할 수 있는 좋은 방법이다. 두뇌에 도움이 되도록 연어(날것, 통조림, 혹은 어제 점심 때 남은 것 등)를 추가할 수도 있다.
오전 09:30 ~11:30	오늘은 이 시간대에 30분 운동을 한다.
오전 11:30	오늘 저녁에 먹을 음식을 슬로우 쿠커에 넣어 조리를 시작한다.
오후 12:00	**점심 식사** 기름기 없는 육류와 피망, 당근, 콜리플라워, 버섯, 브로콜리 같은 채소를 함께 볶는다. 필요하면 현미나 퀴노아를 추가한다.
오후 12:45	점심 식사 후 10분간 산책하기
오후 03:30	두뇌 건강 간식: 달지 않은 그릭 요거트
오후 06:45	**저녁 식사** 슬로우 쿠커로 조리한 스튜나 구운 고기. 살코기와 채소를 많이 이용하는 조리법을 고수하고 다량의 소금과 생크림, 첨가물이 필요한 조리법은 멀리하자. 필요하면 고구마처럼 건강에 좋은 탄수화물을 추가한다.
오후 07:45	저녁 식사 후 10분간 산책하기
오후 09:30	전자 기기를 모두 종료하기
오후 10:30	취침

+ 오늘의 팁 오늘은 빈 시간이 많다. 가능하다면 그 시간을 여러 가지 집안일이나 잡무, 혹은 남은 업무로 채우고 싶은 충동을 억누르자. 우리는 항상 뭔가를 해야 한다는 압박감을 느끼는 세상에 살고 있다. 아무것도 하지 않는 것에 도전해보자. 그게 뇌에 좋다. 눈을 감자. 낮잠을 자자. 발을 높이 올리자. 정원에 나가 꽃들을 보자. 해가 지는 모습을 바라보자. (이게 사실 '아무것도' 안 하는 것과는 다르다는 걸 알지만, 평소 우리가 시간을 내서 하지 않는 일들이다.)

이 자리를 빌려 그동안 날 도와주고 응원해준 많은 분께 감사의 마음을 전할 수 있어서 기쁘다.

항상 내 곁에 있어준 아내 로런에게 감사한다. 그녀가 내 파트너이자 팀 동료라는 것은 믿을 수 없을 정도로 큰 행운이다. 소중한 아내와 아내의 끝없는 지지, 대화, 삶의 모든 부분을 이끌어주는 것에 감사한다. 매일 더 나은 하루를 만들어줘서 정말 고맙다. 그리고 끝없는 기쁨의 원천이 되어주는 두 딸 엘라와 샬럿에게도 감사한다. 지금도 그렇지만 점점 더 훌륭한 사람이 되어가는 두 사람이 정말 자랑스럽다. 두 사람이 내 딸이라서 얼마나 다행인지 모르겠다. 매일같이 감사할 따름이다.

나의 특별한 부모님 하워드 밀스테인과 바버라 밀스테인에게 감사드린다. 두 분께는 아무리 감사해도 모자라다. 존경하는 두 분의 아들로 태어나서 정말 기쁘다. 지금껏 나눈 수많은 대화와 교훈에도 감사드린다. 항상 응원해주고 단순한 남매 사이를 넘어 최고의 친구이기도 한 누나 레이철에게 감사한다. 그녀가 내 누나라는 사실이 너무나도 고맙고 자랑스럽다.

날 지지해주는 가족 라이언, 노아, 릴리 골든하르에게도 정말 감사한다. 내 삶에 긍정적인 영향과 영감을 안겨준 가브리엘 위즈덤 삼촌에게 감사와 존경을 표한다. 항상 함께해준 다이애나 와이스-위즈덤 숙모께도 감사하다. 마이클 올든, 앨런 챈크먼과 비키 챈크먼, 앨리슨 챈크먼, 다나 링컨과 알 링컨 가족, 노먼 밀스테인과 로레인 밀스테인, 어브 울과 필리스 울, 거트루드 앵커 울 등 응원해주는 모든 가족에게 감사한다.

이 모든 과정을 이끌고 멘토링해준 마거릿 맥브라이드 에이전시의 문학 에이전트 마거릿 맥브라이드와 페이 앳치슨에게 진심으로 감사한다. 기대 이상의 성과를 올리도록 계속 이끌어준 것에 끝없이 고맙고 감사할 따름이다.

편집자인 벤벨라, 클레어 슐츠, 알린 윌리스에게 많은 빚을 졌다. 이 책을 위한 내 아이디어를 보존하고 한층 더 발전시켜준 것에 대해 뭐라고 감사해야 할지 모르겠다. 두 분과 함께 일해서 정말 즐거웠고, 두 분의 창의성, 세부적인 부분에 대한 관심, 재능, 환상적인 아이디어에 감사한다. 이들이 내 편집자가 된 것은 내게 큰 행운이었다.

이 책이 결실을 맺도록 노력하며 꾸준히 헌신해준 글렌 예페스, 리아 윌슨, 레이첼 파레스, 아드리엔 랭, 제니퍼 캔조네리, 사라 아빙거, 모건 카, 매들린 그리그, 엘리샤 카니아, 모니카 로리를 비롯해 벤벨라 팀 모두에게 크나큰 감사 인사를 전한다. 책을 만드는 내내 이렇게 놀랍고 훌륭한 팀과 함께 일할 수 있어서 기뻤다.

이 책 제안서와 초안을 편집해준 시드니 마이너에게 감사한다. 그의 아이디어와 지도, 편집이 큰 도움이 되었다. 제안서 초안을 편집하고 통찰력을 발휘해준 닐 고든과 테드 스파이커에게도 감사드린다. 주디 겔만 마이어스는 예리한 시각으로 철저하게 원고를 검수해줬다. 이렇게 훌륭한 분들과 함께 일할 수 있었던 것에 감사한다.

날 치료해준 아라쉬 호라이즌 박사와 에릭 바실리우스카스 박사에게 정말 감사하고 큰 신세를 졌다. 지안느 페리 박사, 데이나 아널드, 데니스 웨이틀리의 격려에도 감사한다.

이 책의 메시지를 전달할 수 있는 길을 열어준 케이티 하이드, 멜리사 슈뢰더, 미카엘라 시암피, 크리스 마쉬, 태미 윌리스, 에스더 이글스, 조 보렐로, 바바라 헨릭스, 엘리샤 언더우드, 로버트 시마에게 감사한다. 평생 친구인 마이클 드 라 크루즈, 샹 킴, 칼 펜, 데이비드 프랭크, 마이클 프랭크 그리고 식스 사우스의 멤버들도 고맙다.

마지막으로, 로스앤젤레스와 샌디에이고, 전 세계, 그리고 인터넷상에서 내 강연에 참석해준 모든 분께 진심으로 감사드린다. 여러분이 시간을 내서 프레젠테이션에 참석해줬다는 것은 내게 정말 의미 있는 일이다. 여러분이 없었다면 이 책은 존재하지 않았을 것이다.

옮긴이

박선령 ⦂

세종대학교 영어영문학과를 졸업하고 MBC방송문화원 영상번역과정을 수료했다. 현재 출판번역 에이전시 베네트랜스에서 전속 번역가로 활동 중이다. 옮긴 책으로는 『타이탄의 도구들』, 『북유럽신화』, 『어반 정글』, 『휴먼 스킬』 등이 있다.

브레인 키핑

초판 1쇄 발행 2023년 11월 20일
초판 2쇄 발행 2023년 12월 18일

지은이 마크 밀스테인
옮긴이 박선령

발행인 이재진 **단행본사업본부장** 신동해
편집장 조한나 **책임편집** 윤지윤 **교정교열** 김정현
마케팅 최혜진 이인국 **홍보** 송임선 **국제업무** 김은정 김지민
표지디자인 [★]규 **본문디자인** 바인드윙 **제작** 정석훈

브랜드 웅진지식하우스
주소 경기도 파주시 회동길 20
문의전화 031-956-7356(편집) 031-956-7089(마케팅)

홈페이지 http://www.wjbooks.co.kr
인스타그램 www.instagram.com/woongjin_readers
페이스북 https://www.facebook.com/woongjinreaders
블로그 blog.naver.com/wj_booking

발행처 ㈜웅진씽크빅
출판신고 1980년 3월 29일 제 406-2007-000046호
한국어판 출판권 ⓒ 웅진씽크빅, 2023
ISBN 978-89-01-27714-1(03400)